出发去火星

钱航 何魏 马熙玲/主编

朝华出版社
BLOSSOM PRESS

图书在版编目（CIP）数据

　　出发去火星 / 钱航，何巍，马熙玲主编 . -- 北京 ：
朝华出版社，2021.10
　　ISBN 978-7-5054-4817-9

　　Ⅰ．①出… Ⅱ．①钱… ②何… ③马… Ⅲ．①火星
探测－儿童读物Ⅳ．① P185.3-49

　　中国版本图书馆 CIP 数据核字（2021）第 119056 号

出发去火星

主　　编	钱　航　何　巍　马熙玲
副 主 编	孙　扬　王欣阁　李　婕　王　忠　王彦文
编　　委	刘　璐　于忠春　周　莉　韩治国　郭嘉瑞　佟艳春　陈　丹
出 版 人	汪　涛
选题策划	刘　莎　袁　侠
责任编辑	王　丹
责任印制	陆竞赢　崔　航
装帧设计	奇文雲海 [www.qwyh.com]
排　　版	璞茜设计　2815932450@qq.com

出版发行	朝华出版社		
社　　址	北京市西城区百万庄大街 24 号	邮政编码	100037
订购电话	（010）68996050　68996522		
传　　真	（010）88415258（发行部）		
联系版权	zhbq@cipg.org.cn		
网　　址	http://zhcb.cipg.org.cn		
印　　刷	天津联城印刷有限公司		
经　　销	全国新华书店		
开　　本	710mm×1000mm　1/16	字　　数	125 千字
印　　张	13		
版　　次	2021 年 10 月第 1 版　2021 年 10 月第 1 次印刷		
装　　别	平		
书　　号	ISBN 978-7-5054-4817-9		
定　　价	79.80 元		

▲ "祝融号"火星车（巡视器）的导航地形相机拍摄的自身尾部

▲ "祝融号"火星车驶达火星表面后拍摄的第一幅地形地貌影像图

▲ "祝融号"释放的分离相机拍摄的火星车与着陆平台的合影

▼ "祝融号"火星车拍摄的着陆平台影像图,被命名为"中国印迹"

推荐序一

　　浩瀚宇宙，星空璀璨，神秘梦幻的星空承载着亘古绵延的历史和人类无穷无尽的想象，充满了未知和无限可能。当最早的人类第一次抬头仰望星空时，对宇宙的好奇和探索就永远种在了我们心底；几千年来，人类从未停止探索自己栖居的世界和望见的星空。中国人对宇宙的想象与憧憬也从未中断，从嫦娥奔月的故事，到如今在火星上留下中国制造的印记，中国航天在探索星辰大海的路途中不断前进。

　　在中国人迈向宇宙的道路上，让人记忆犹新的是一个又一个难忘的时刻：从第一颗人造卫星到北斗导航，从第一枚运载火箭到载人航天，从"嫦娥一号"到"天问一号"，中国航天事业取得了举世瞩目的成就。与此同时，更让人心生敬意的是航天人克服了一个又一个困难，完成了一个又一个任务，刷新了一个又一个纪录，创造了一个又一个奇迹。

　　在人们的印象中，中国航天人讷于言，敏于行，干惊天动地事，做隐姓埋名人，这是他们真实的写照。随着航天事业的蓬勃发展，随着航天强国的时代号召，随着中国人尤其是广大少年儿童对中国航天事业日益增强的荣誉感和自豪感，中国航天人肩负的使命和责任更加重大，他们不仅要成为人类航天史的创造者和见证者，还要成为航天历史的书写者和航天教育的领路人。

航天科普是我国科技发展的重要基石，通过科普活动可以有效传播科学思想，倡导科学方法，提高国民科学素养。而科普丛书对于传播"特别能吃苦、特别能战斗、特别能攻关、特别能奉献"的载人航天精神，对于弘扬爱国主义精神，对于培养青少年的科学探索精神和创新意识、培养他们对科学事业的兴趣与敬畏之心、普及知识和研究方法、提高创造性和实践性的应用能力等，打造青少年坚毅、不服输的性格等，都具有十分重要的现实作用和深远的历史意义。

近几年，我国航天事业进入了发展十分迅疾的时期，"嫦娥五号"造访月球，"天问一号"探访火星，无不激发了广大青少年对航天事业的兴趣和向往。航天科普书籍可以紧跟时代热点，普及航天知识，弘扬航天精神，激发广大青少年的爱国热情和投身航天事业的崇高理想。人类在探索地外智慧生命的时候，对火星的研究比较多，火星作为太阳系内环境与地球最为接近的星球，也是人类最有可能登陆的下一个地外天体。探索浩瀚的宇宙是全人类的共同梦想，探索火星就是探索人类的未来。

火星，古往今来自带一抹神秘的色彩。本书将引领我们走近航天、走近火星。从认识火星到探索火星，从"天问一号"的火星之旅到中国航天人的"探火"故事，从人类踏足火星到火星的生命探索，本书将一一为我们揭开遥远火星的神秘面纱。通过本书丰富翔实的资料和生动的案例，广大读者可以认识火星并了解火星；通过本书化繁为简的叙述和深入浅出的科普，青少年可以滋润心中科学的幼苗，点燃胸中追梦的火焰。未来已于昨日抵达，希望广大读者能了解火星的奥秘，认识到中国探索火星的重要意义；希望年轻读者能够沿着一代代航天人的足迹，坚定航天报国、航天强国的信念，仰望星空、脚踏实地，孜孜不倦地去探索火星，探索太空，不断追逐心中的星辰大海。

中国运载火箭技术研究院运载火箭型号总设计师

▲ 火星车前避障相机拍摄的图片

▲ 火星车行驶车辙图

▲ "祝融号"火星车即将离开着陆平台

▲ "祝融号"火星车回望着陆平台

推荐序二

从古至今，人类举头望月，传诵动人神话，谱写优美诗篇，却极少有人意识到亿万年来火星有何变化。火星作为地球的邻居，又因为与地球的种种微妙相近之处，一直以来都是科学家们关注的焦点。

火星由于能发出特殊的红光而受到瞩目，西方以古罗马神话中战神之名"马尔斯（Mars）"为其命名；中国也早在《吕氏春秋·制乐》中就有"荧惑在心"的记载。火星和地球存在许多相似的特性，所以火星是太阳系除地球外，最有可能存在生命迹象的行星，这也是我们要探索火星最重要的原因与目的。

人类对火星心驰神往，认为探索火星就是探索人类的未来，然而火星却并不是那么能轻易踏足的地方。虽然现代人类科技已经取得了突飞猛进的进展，但是人类进军火星仍然面临着诸多困难：飞行动力的不足，航天员的保护和空气、饮食的供应，人体适应新环境的能力，着陆火星和实时联系等问题。

从地球到火星，是一次艰辛的长途跋涉，也是一次新奇、充满发现的征程！宇宙浩瀚，拥抱广袤的世界；星光灿烂，我们开启了行星探测的旅程，火星，中国来了！国家航天局将中国行星探测任务命名为"天问系列"，表示对于真理的不懈追求，并将我国首次火星探测任务命名为"天问一号"。"天问一号"的任务是一次性完成"绕、落、巡"三大任务；火星探测标识为"揽星九天"，首个火星车的名字为"祝融号"。

随着航天科技的飞速发展，以及一代又一代航天科技工作者的努力与拼搏，相信我们终将会揭开火星神秘的面纱。问天之路，苍穹为证，二〇二一年五月十五日，"天问一号"探测器在火星乌托邦平原成功着陆，火星上已经留下了中国印记，这是我国航天事业发展史上又一次具有里程碑意义的壮举。"路漫漫其修远兮，吾将上下而求索"，作为生活在地球上的人类，我们一直对地球之外的天体感到好奇，并且将继续主动探索其中的奥秘。

深空探测可以帮助我们进一步解答地球是如何起源与演变、太阳系是如何形成和演化、人类是不是宇宙中唯一的智慧生命等一系列问题，同时也有利于人类积极开发及和平利用空间资源，而火星探测开启了我国行星探测的第一步。至此，中国成为世界上第二个探测器成功着陆火星的国家。

这本书重点介绍了有关火星方面的科普知识，分享了关于火星的故事；这是一本记录挑战过程的科普读物，全书由浅入深，图文并茂，将火星的美呈现于文字之中，引人入胜。心系于天外，真情凝于笔端，翻开书稿犹如打开一扇时空之窗，火星神秘而美丽的面纱在眼前徐徐展开，我们能够看到火星美丽的画卷，如身临其境，体味探索的艰辛与乐趣。相信青少年读了这本书，一定会在心中种下中国梦、航天梦的种子，这颗种子也一定会在科学这片沃土上生根、发芽、成长。总之，传播航天知识就是播种幸福与爱的种子，让青少年爱上航天、爱上科学，踏上勇于探索宇宙的奇妙旅程，感受知识带来的无尽乐趣。

回首六十余载，中国航天，逐月追星，步履从未停歇。责任重大，使命光荣，代代航天人都在努力着，拼搏着，奋斗着，探索着，将航天传统精神、"两弹一星"精神和载人航天精神的航天"三大精神"深深地融入每个航天人的血脉中。中国航天人用他们以国为重的家国情怀、自主创新的进取意识、久久为功的实干品质、严慎细实的工作作风，为探索浩瀚宇宙、发展航天事业、建设航天强国提供了强大的精神动力，助推我国航天事业从无到有、从小到大、从弱到强，创造出了一次又一次的奇迹和辉煌，不断将中国神话变为了现实，托举起中华民族的飞天梦想，也让世界真切地感受到了"中国速度"。相信中国航天的未来，必将是探索宇宙的星辰大海，鲜艳的五星红旗也必将会在世界航天舞台上迎风飘扬。

北京天文馆前馆长、中国天文学会常务理事

自序

几千年来，中国人对宇宙的想象与憧憬从未中断。承载着前人对太空的渴望，中国航天人不懈努力、奋力拼搏，创造出一个又一个奇迹。特别是近几年，我国航天进入活动密集期，"嫦娥"造访月球，"天问一号"探访火星，不断激发广大青少年对科技的志趣和向往，航天科技教育亦成为科普活动中最具有特点的领域。

在 2016 年召开的"科技三会"上，习近平总书记强调："科技创新、科学普及是实现创新发展的两翼，要把科学普及放在与科技创新同等重要的位置。"这一讲话深刻诠释了科普与科研二者之间相辅相成的辩证关系，也为科技工作者开展科普活动提出了理论支撑与明确要求。科技工作者一般肩负三大职责：科学研究、培育人才和服务社会。科普则兼而有之：既是科学研究成果的现实转化，也是"把论文写在大地上"的有效途径，能够提升广大公众的科学素养。因此，作为航天科研工作者，除承担国家航天任务，也有责任和义务成为航天科技教育的排头兵、领头雁。

当此际，航天一线设计师团队牵头编著出版这本《出发去火星》，力图以此普及航天知识，激发读者对科学事业的兴趣与敬畏之心；

培养青少年科学探索精神和创新意识，打造坚毅、不服输的性格；赓续弘扬航天精神谱系，使之立志于推动构建人类命运共同体，共同建设美好的世界。

事实上，成长在这个科技发展这么快的新时代是多么幸福啊！可不像我从小生活在湖北的一个小县城，读一本课外读物都是奢望，没有条件知道那么多航天知识。还记得我小时候在阳台上席地而坐，对着明亮的月亮听妈妈讲《嫦娥奔月》等神话故事，感觉特别温暖。经过几代航天人的努力，今天它已不再是神话了，因为"嫦娥五号"从地球到月球已来去自如，"天问一号"已经飞向遥远的火星并在上面行走起来。我从本科到硕博连读一直在航天专业学习，毕业后走上了航天设计师岗位。从读研究生起，我还利用周末或节假日在北京天文馆做科普讲解志愿者，已经十年了。记得在做科普讲解时，一双双渴求知识的眼睛望着我，激励我继续做下去。走上航天工作岗位之后，科研工作特别繁忙，我仍然坚持常年奔走在航天科普一线，北京远郊区县、特别远的省份，甚至新疆都去过，给中小学生做过大量科普讲座。由于分身乏术，于是有了出版本书的初衷，用书籍的传播广度，来弥补自身无法一一面对所有学生的不足，用书籍和每一个学生对话。

本书从认识火星讲起，再从古到今讲述古人的观测和今人的探测，揭秘"天问一号"火星之旅，特别讲述了中国航天人研制攻关背后的故事，最后展望火星的未来。作为航天高科技普及读物，与一般科普读物相比，本书具备突出特点：一是鲜明的系统性和全面性。全书以时间长河和"天问一号"研制为两条主线，系统全面介绍了火星、火星的历史、航天探测的历史、"天问一号"研制的过程以及未来探索的方向，结构清晰，重点突出，各章之间相互衔接，形成整体。二是知识的科学性和权威性。全书重点聚焦和回应青少年感兴趣的话题，满足其对火星及"天问一号"科技知识的渴求，语言流畅，深入浅出，图文并茂，通俗易懂。不仅如此，本书由航天一线设计师团队牵头执笔，带来了"天问一号"任务研制一线的背后故事和最新进展。三是教育的启发性和带动性。全书注重引导青少年学生以课堂知识为出发点去理解火星探测过程中遇到的科技知识，在科普知识与课堂知识之间搭建互动桥梁，探索和发现知识和应用的结合点，最终将科普知识和课堂知识融入学生认知架构中，使之形成坚实的科学素养。此外，本书还得到了国内一线教学团队的支持和配合，相关教学经验和实践案例也融入全书编写过程中。

本书从"天问一号"还未升空开始策划，至"祝融号"火星车驶上火星表面满百天时完成主要创作，历时一年半。全书经由中国航天科技集团一线设计师组织编写，国家航天局新闻宣传中心高级工程师孙扬和"我们的太空"新媒体中心主任王欣阁全程参与，全国优秀校长马熙玲组织带领北京八中固安分校教学团队率先将本书相关内容融入教学实践和学校课程。全书得到了国家航天局的指导，"天问一号"任务相关图片也来自国家航天局网站，在此表示感谢。

中国科学院国家空间科学中心周莉老师、北京航天长征科技信息研究所佟艳春老师、西北工业大学韩治国老师、北京航空航天大学陈丹老师对本书编写亦有贡献。中国科学院国家空间科学中心李明涛研究员、中国运载火箭技术研究院陈闽慷研究员、中国空间技术研究院庞之浩研究员审阅了全部书稿，并提出了宝贵的修改意见。中国外文局朝华出版社刘莎老师对全书做了策划、编辑工作，袁侠老师负责整体策划、设计工作，窦海强、胡建东两位老师负责营销工作，责编王丹、复审胡泊两位老师也做了大量工作。对以上所有专家、老师付出的辛苦劳动，在此表示衷心的感谢。

希望那些对航天感兴趣的读者，能在阅读完本书后了解到世界的广袤和宇宙的浩渺，感受到航天技术的不断进步，并受到航天精神的鼓舞。

书中如有错误或不妥之处，敬请读者批评指正。

于中国酒泉卫星发射中心

2021 年 9 月

目录 MARS

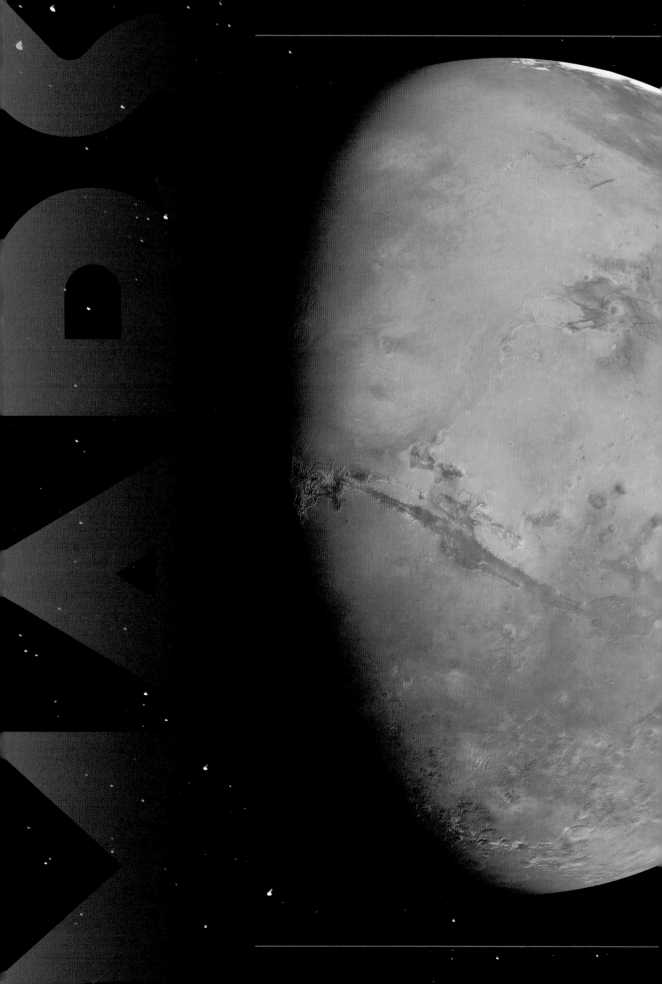

认识火星

第一章

1 火星与太阳系

　　在茫茫的夜空之中，有这么一颗行星，它充满着宇宙的秘密，承载着人类的梦想，甚至蕴含着地外生命的可能。它的名字就是——火星。

　　与我们的家园——地球一样，火星也是太阳系里的一颗

图1-1 太阳系

行星，而且火星还是我们的邻居：地球是离太阳第三近的行星，火星是离太阳第四近的行星。

　　地球与太阳的平均距离被定义为 1 个天文单位，长度约为 1.5 亿千米。而火星与太阳的平均距离为 1.52 个天文单位，也就是说，火星和太阳之间的距离是地球和太阳之间距离的 1.52 倍。火星的远日点，也就是火星离太阳最远的点，长度为 1.67 个天文单位；火星的近日点，也就是它离太阳最近的位置，长度为 1.38 个天文单位。就算是从火星的近日点出发，假如让时速为 350 千米的"复

兴号"高铁列车从火星开到太阳，也需要不眠不休地连续运行

67 年。

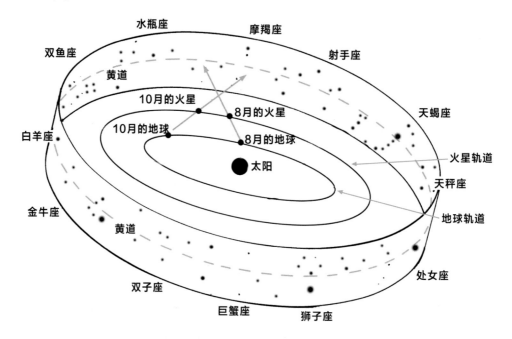

图 1-2 地球和火星的公转示意图：地球比火星的公转轨道更小，而且公转速度更快；如此图所示，8 月的时候地球在火星的后面，10 月的时候地球就跑到了火星前面。

火星的公转①轨道离心率②约为 0.093，而地球轨道的离心率约为 0.017，所以火星的轨道要比地球的更扁一些。更扁的轨道会导致火星在不同位置的公转速度差异更大。

火星与地球在形态上也存在比较大的差异。

火星的半径长度大约是地球半径长度的二分之一，火星

① 公转：指一个物体以另一个物体为中心，沿一定轨道所做的转动。
② 离心率可以指示椭圆的"扁圆"程度。椭圆的离心率在 0 到 1 之间，离心率越大，椭圆越"扁"；离心率越小，椭圆越"圆"。

图 1-3 火星与地球

的体积大概是地球的七分之一。火星的表面积大致是地球表面积

的 29%。火星的质量大约是地球的十分之一；火星的密度比地球

小，大约是 3.9 克每立方厘米，而地球的密度大约是 5.5 克每立

图 1-4 欧洲航天局拍摄的火星

图1-5 类地行星

方厘米。火星上的重力加速度①大概是地球上的四成，因此我们在火星上可以更轻松地跳起来，也能跳得更高。

太阳系的八大行星，按照离太阳的距离从近到远，前四颗依次是水星、金星、地球、火星。这四颗行星被称为类地行星。

它们之所以被称为类地行星，除了外形长得都比较像地球之外，最根本的原因是它们都以硅酸盐岩石为主要成分，所以又被称为固态行星。

既然有固态行星，那么就有气态行星。太阳系最大的两颗行

① 重力加速度是一个物体在只受重力的情况下产生的加速度。地球上的重力加速度大约是 $9.8m/s^2$。火星上的重力加速度大约是 $3.7m/s^2$。

星——土星和木星，就是气态巨行星。木星和土星合起来的质量超过地球的 400 倍，而且组成成分绝大部分是氢和氦。

木星是太阳系最大，也是最重的行星，它没有明确固定的表面，但是有铁和硅组成的固体核。虽然木星质量很大，但它的密度却不大，只有约 1.3 克每立方厘米，只比水的密度大一点儿（水的密度为 1 克每立方厘米）。

土星的体积仅次于木星，它的标志物是一条特别显眼的土星环。土星的密度要比木星更小，是太阳系内唯一密度小于水的行星，它的密度是 0.68 克每立方厘米。平时可做家具的红木，密度约为 0.76 克每立方厘米。假如在土星"表面"放一块红木的话，那么这块红木竟然会因为比土星密度大，而"沉"向土

图1-6 太阳系八大行星体积比较

星的内部。

更远的天王星和最远的海王星，它们的主要组成元素是比氢和氦更重的氧、碳、氮和硫等。因为它们表层之下的内部区域大致呈现"冰冻"状态，因此，它们又被称为冰巨行星。它们的"冰"主要由水、氨与甲烷构成。

在太阳系中，除了这八大行星，在火星与木星之间，还有一片神秘的区域。在这片区域内，分布着密密麻麻的小行星，被称为小行星带。

提到小行星，我们或许会想到地动山摇的撞击，或者是火光冲天的爆炸。造成恐龙灭绝的罪魁祸首，或许就是小行星。2007年，有研究通过模拟计算发现，在1亿6000万年前，有一颗直径170千米的小行星与一颗直径55千米的小行星撞击后碎裂，一些碎片闯进地球的轨道，并且在6500万年前撞击地球，成为白垩纪末期生物大灭绝的主要原因。现在位于墨西哥尤卡坦半岛的希克苏鲁伯陨石坑，可能就是其中一块直径至少10千米的碎片撞击造成的。

希克苏鲁伯陨石坑平均直径有180千米，据推测，造成这个陨石坑的爆炸要具有100万亿吨TNT当量[①]的能量，而人类发明出最大威力的炸弹——苏联制造的"沙皇炸弹"——具有5000万吨TNT当量。也就是说，这颗小行星碎片足足有200万个"沙

---

① TNT当量：用释放相同能量的TNT炸药的质量表示核爆炸释放能量的一种习惯计量。

图 1-7 尤卡坦半岛希克苏鲁伯陨石坑

皇炸弹"那么厉害。

不过沧海桑田，烟消云散，6500万年前是不是真的有这么一场小行星撞击，我们只能根据蛛丝马迹的证据去推测。

但是在天文学历史中，有一场不亚于造成恐龙灭绝事件的撞击。而这次撞击，被人类完整且仔细地观察到了，那就是"苏梅克—列维九号"彗星撞击木星事件。

"苏梅克—列维九号"彗星在1993年被人类发现和命名。当被发现时，它就已经被木星的引力撕裂了。

让天文学家兴奋的是，他们计算发现，"苏梅克—列维九号"

图 1-8 "苏梅克—列维九号" 彗星与木星

认识火星

图1-9 小行星带

彗星还会再度靠近木星，而这一次靠近会使它非常有可能撞击木星。那将成为史上人类首次见证的太阳系内的天体撞击。

1994 年 7 月 16 日，被形容为"奔驰在太阳系内的长长列车"的 21 块彗星碎片，向着木星撞去。其中威力最大的碎片造成了 6 万亿吨 TNT 当量的爆炸，在木星上造成的"疤痕"比地球的直径还要长，甚至撞击造成的火光与蘑菇云都可以被地球上的人类观测到。这一次千年难遇的天象奇观，为人类了解木星、彗星以及天体撞击，提供了大量的第一手资料。

上面两个案例可能会让人们觉得，小行星带是一个很危险的地方。但是实际上，小行星带里的各种天体并不像人们想象中的那么密集。很重要的证据就是，我们人类的许多航天器在穿越小行星带向着更远的太空进发的时候，都完好无损，没有被小行星击中或摧毁。

除此之外，小行星与地球上的水可能还存在着密不可分的关系。有研究指出，在地球的形成过程中，地球自身并不足以形成如此广阔的海洋，或许是外部天体的撞击，才为地球带来大量的水。

证据就是，地球海洋中氢的同位素氘与氕的比例，与来自于小行星带的富碳球粒陨石杂质中的氘与氕的比例相似。而且地球上曾经发现过 45 亿年前疑似有液态水痕迹的陨石，这也是地球上的水可能来自小行星的证据。

② 火星的公转与自转

　　火星公转一周的时间就是火星的一年，那么火星上的一年有多长时间呢？这就由火星公转的速度决定了。

　　因为火星距离太阳更加遥远，可以推断出火星受到太阳的引力加速度更小，这也就意味着火星的公转速度要比地球的慢。根据万有引力公式和圆周运动公式，我们可以计算得到，地球的公转速度大约是火星的 1.235 倍。地球的公转速度是 29.8 千米每秒，那么火星的公转速度就是 24.1 千米每秒，这也与我们现在的观察结果相符。

　　既然火星运动得更慢，加上火星轨道要更长，所以火星上的一年要比地球的一年长得多，大概有 687 个地球日，相当于地球的 1.88 年。

　　和地球一样，火星除了绕着太阳公转之外，还会自转。

　　火星的自转周期，也就是火星上的一天，与地球的一天极其相似。火星的一天有 24 小时 39 分，比地球上的一天稍微长一点儿。所以，如果人类在火星上生活，每天的感受其实是和在地球上差不多的。而且火星的自转方向和地球一样，都是自西向东自转，所以在火星上，我们也可以每天都看到太阳的东升西落。

　　火星的自转轴也有明显的倾斜，角度是 25.2°；地球的自转轴

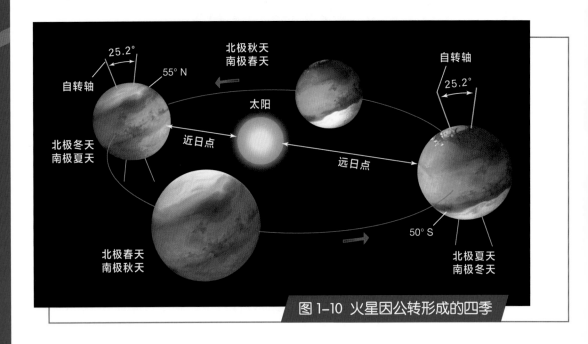

图 1-10 火星因公转形成的四季

倾斜角度是 23.5°。

正是由于火星的自转轴倾斜于它的公转轨道平面，因此火星与地球一样，也有四季的变化。

火星的公转轨道是接近于圆的椭圆形，不过比地球的公转轨道更扁一些。火星运行到近日点，也就是火星北半球秋冬两季的时候，根据开普勒第二定律，火星的运动速度会更快。所以火星的秋冬和春夏之间的天数差别，要远远大于地球。地球北半球的春夏比秋冬多出 8 天，而火星北半球的春夏比秋冬要多出整整 75 天。

除此之外，更扁的公转轨道，也导致了火星上的一天昼夜时长相差很大。以火星北半球为例，白昼最短的一天，也就是冬至那天，比最长的一天，也就是夏至那天，要少 1.5 个小时。

因为火星与地球都绕着太阳公转，而且各自的公转周期不同，所以火星与地球的相对位置也在发生着变化。当火星与地球相对较近的时候，火星、地球和太阳连成了一条直线，被称为"火星冲日"。

当火星在近日点发生"冲日"现象时，它与地球的距离要更近一些，这种现象也被称为"大冲"。在"大冲"的时候，从地球上看，火星的大小和亮度都是最大的，也是最适合观察火星的时机，此时借助普通天文望远镜也可以看清火星白色的极冠。火星"大冲"每隔 15 年或 17 年出现一次，最近的一次火星"大冲"发生在 2018 年 7 月 27 日。下一次就要等到 2035 年 9 月 16 日了。

过去 5 年及未来 15 年火星冲日日期

2016 年 5 月 22 日，2018 年 7 月 27 日（大冲），2020 年 10 月 13 日。

2022 年 12 月 8 日，2025 年 1 月 16 日，2027 年 2 月 19 日，2029 年 3 月 25 日，2031 年 5 月 4 日，2033 年 6 月 28 日，2035 年 9 月 16 日（大冲）。

火星的卫星

　　尽管人们很早就推测，火星与地球、木星一样，也有卫星环绕。但是直到 1877 年，美国天文学家霍尔经过长期的研究后才确认，火星确实有两颗卫星，分别是火卫一和火卫二。霍尔根据古希腊神话，将火卫一命名为"福布斯（Phobos）"，将火卫二命名为"得摩斯（Deimos）"。

　　也难怪科学家这么长时间都发现不了火卫一和火卫二，因为这哥儿俩实在是太小了。

　　火卫一的直径大概为 22 千米，火卫二的直径也只有 12 千米，直径还没有中国青海湖的宽度大。与之相比，地球的卫星——月球，直径接近于 3500 千米。两颗火星卫星，是太阳系中最小的卫星。

　　除了体积小，火卫一和火卫二的形状还不规则，无法形成一个完整的球形，更像是在天空中飘浮的大石块。

　　火星的两颗卫星不但小，而且离火星很近。尤其是火卫一，至今还没有任何天然卫星的轨道要比火卫一更接近火星的地表。火卫一到火星表面的距离大约是 6000 千米，而北京到莫斯科的距离就差不多有 5800 千米。火卫二要离得更远一些，

火卫一

火卫二

图 1-11 火星的卫星

到火星表面的距离大约是 20000 千米，是地球赤道长度的一半。

同样也因为离火星近，所以火卫一和火卫二的公转速度很快，导致它们的公转周期很短。它们俩都是自西向东公转，火卫一公转一周的时间大概是 7 小时 39 分钟，火卫二公转一周的时间大概是 30 小时 18 分钟。

因为火卫一公转的速度要远远快于火星的自转速度，所以从

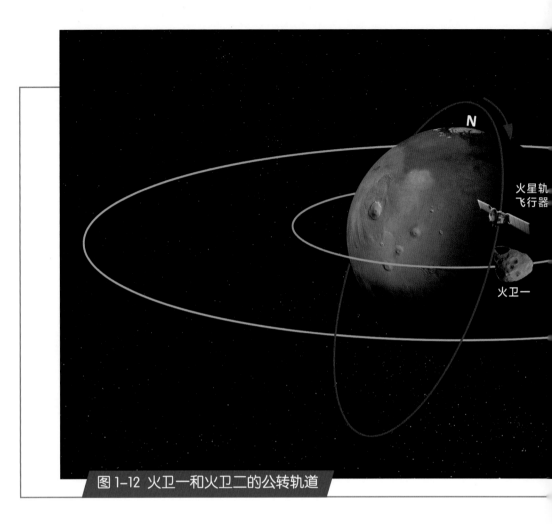

N

火星轨
飞行器

火卫一

图 1-12 火卫一和火卫二的公转轨道

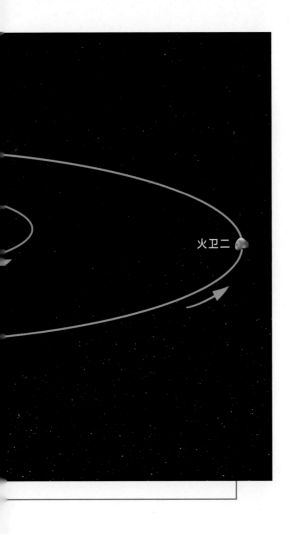

火卫二

火星上看，火卫一实际上是从西方升起，在天空中运行 4 小时左右，最后从东方落下；然后再过差不多 7 小时，重新从西方升起。也就是说，在火星上的一天之内，可以看到两次火卫一的西升东落。

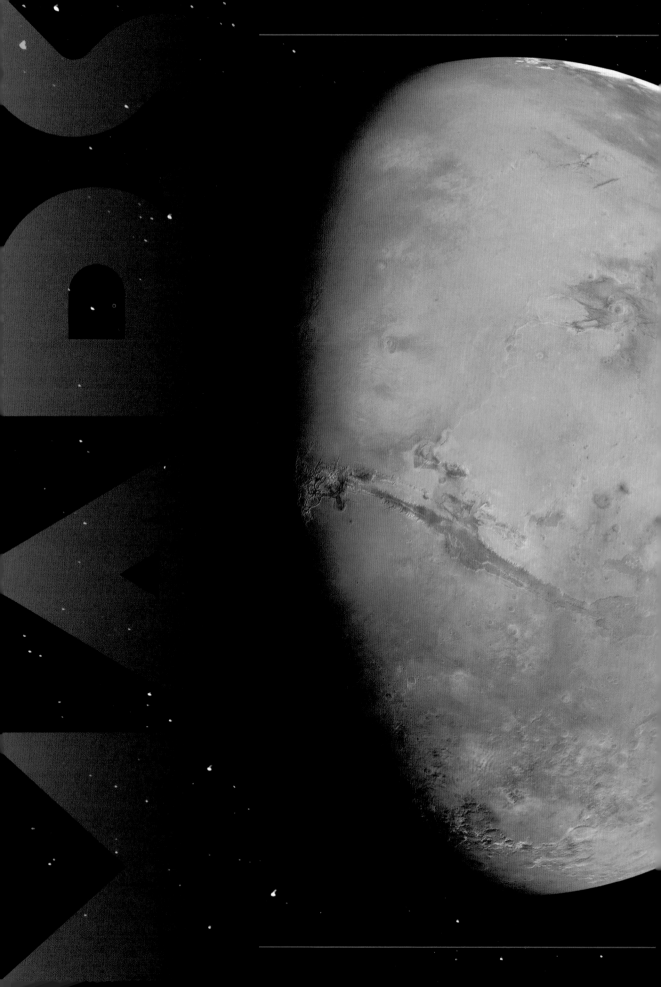

第二章

人类探索火星

古人对火星的观测

人类从远古时期，就开始仰望星空。几大古代文明——古埃及、古巴比伦、古希腊和古代中国，都有关于火星的记载。

在尼罗河上游西岸的群山之巅，坐落着气势磅礴的法老墓葬群，这里就是闻名遐迩的帝王谷。古埃及第十八王朝的传奇女法老——哈特谢普苏特，就埋葬于此。女法老有一位学识渊博的宠臣森穆特，也获得资格将墓室建在这里。

图 2-1 埃及帝王谷

有趣的是，森穆特墓室的天花板上有一幅星图。这幅星图描绘了水星、金星、木星和土星等行星，而火星被单独画成了一艘空船，这是人类已知的最古老的关于火星的记述。根据星图的内容，天文学家推测当时的火星正在逆行，再根据各个行星之间的位置关系，可以推断出星图描绘的是公元前 1534 年埃及的夜晚。

　　而在两河流域，古巴比伦人对火星进行了更为细致的观察，甚至可以通过计算，预测出火星的位置。他们已经知道，火星运动一圈之后再重新回到原有的位置，需要 780 天（现在测算出的火星公转周期是 687 天）。这说明古巴比伦人已经掌握了火星的运动规律。

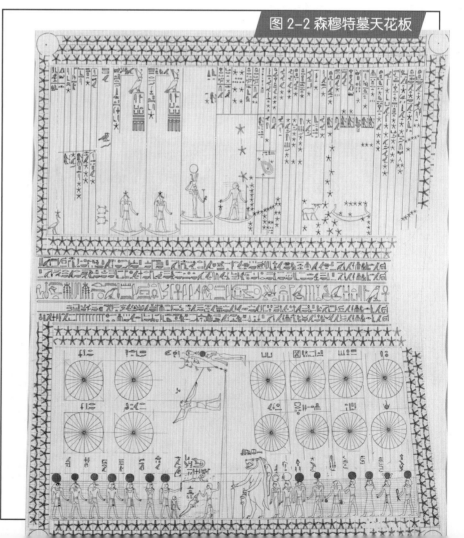

图 2-2 森穆特墓天花板

两河流域的天文知识传播到爱琴海地区，影响了古希腊的早期天文学。古巴比伦人将火星与战争和瘟疫之神内尔伽勒联系在一起，古希腊人用战争之神"阿瑞斯（Ares）"的名字来命名火星。到了古罗马时期，火星又被称为马尔斯（Mars，古罗马战神的名字），这个名字在英语世界中沿用至今。

而在中国，早在春秋战国时期，诸子百家的著作中就出现了关于火星的记载。古人注意到，火星具有火红的颜色、不断变化的亮度和位置，有时还会"逆行"，因此将它称为"荧惑"，意为"荧荧火光，离离乱惑"。古代中国人发现，火星运行到心宿①时，会发生运行方向的改变，要么是从顺行转为逆行，要么是从逆行转为顺行，

① 二十八星宿是天球上黄道和天赤道附近的二十八个星官，是古代天文学中的"坐标基准"，可以用来计量太阳、月亮、五大行星等运动天体的运行位置。心宿为二十八星宿之一。最早记载二十八星宿的文献是《周礼》。

图 2-3 战神马尔斯雕塑

还会在心宿附近停留一段时间。这种天象被称为"荧惑守心"，被认为是大凶之相，会发生叛乱、传染病、饥荒、战争等不祥事件。据史书记载，楚惠王灭陈、秦始皇驾崩、王莽篡汉等事件发生时，

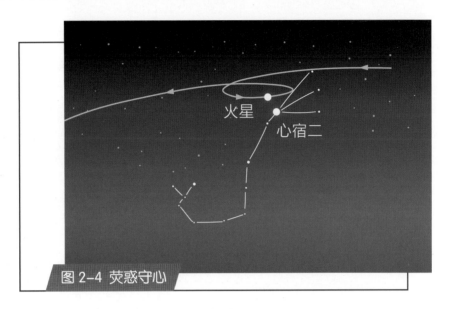

图 2-4 荧惑守心

都出现了"荧惑守心"的天象。不过现在我们已经知道，"荧惑守心"只是一种因地球、火星与恒星相对位置改变而发生的正常现象，跟吉凶没有任何关系。

进入公元前 500 年，人类累积的火星观测资料越来越多，对火星在天空中的运行规律也越来越了解，这为进一步研究、描述火星的运动，尤其是火星的逆行，提供了条件。

大部分人认为，公元前 3 世纪末，古希腊天文学家阿波罗尼奥斯，为了解释火星逆行现象，提出了"均轮"与"本轮"模型。之后，他又和喜帕恰斯共同发展这一理论。公元 2 世纪，托勒密将其收录在著作《天文学大成》中。

16 世纪，波兰天文学家哥白尼提出了"日心说"，将更为简洁的围绕太阳的圆形轨道作为火星的轨道模型，将对火星运动的解释与预测提升到新的高度。之后，开普勒根据第谷观测的火星位置资料，于 1609 年总结发表了开普勒第一定律和第二定律，又在 1618 年公开了第三定律，得出更符合观测数据的椭圆轨道。

火星与开普勒三大定律

现在，当人们回顾天文学发展的时候，都无法绕开哥白尼在 1543 年出版的《天体运行论》。哥白尼在这本书中首次提出了完整的"日心说"理论，标志着旧世界天文学的崩塌，揭开了天文学根本变革的序幕。

但是"日心说"并不是一经提出就获得大部分人的支持，人们甚至都没有注意到这一理论。其中一个很重要的原因，就是初始的"日心说"理论并不能解释火星的运行轨迹。

为了更好地

图 2-5 哥白尼画像

理解人类认识火星运动的过程，让我们忘记现代天文学的知识，假设自己对火星一无所知，于静谧的夜空之下，观察火星的运动轨迹。

从地球上看，火星相对于夜空里遥远而静止的恒星，做着缓慢而稳定的运动。这个运动的方向在绝大多数时间里都是自西向东。不过大约每隔两年，火星的相对运动方向会折返，从东向西运动，但是在绕了一个小圈之后，又会回到自西向东的方向。

这种现象，就被称为逆行。

其实早在公元前的古希腊时期，人们就发现了火星的逆行现象。

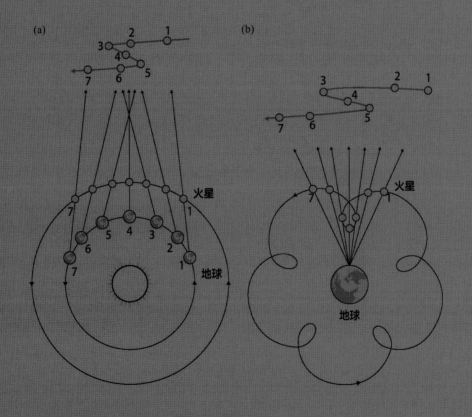

图 2-6 火星的逆行轨迹示意图

"地心说"的开创者和代表人物托勒密，将"均轮—本轮"模型收录在自己的著作中。

托勒密在书中这样写道：地球位于宇宙的中心，火星自然也是围绕地球在运动。但是火星的这种运动并不是一个简单的圆，而是由两个圆组成的。火星自身在绕着一个小圆进行运动，这个小圆就叫作"本轮"；而"本轮"又在绕着一个大圆进行运动，这个被绕着的大圆，也就是火星绕着地球公转的轨道，就叫作"均轮"。

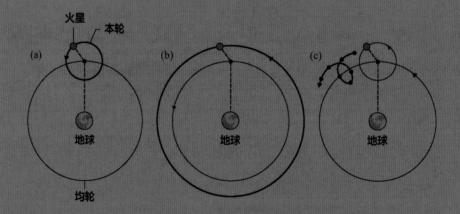

图 2-7 "均轮—本轮"模型

均轮和本轮在一定程度上可以解释火星的逆行现象，但是基于这个模型，并不能准确计算出火星的位置。并且，均轮与本轮的大小，在托勒密的理论中也是变化的，随着"地心说"的发展，又增加了各种各样复杂的设定。

火星逆行这一难题也难住了哥白尼。尽管哥白尼提出"日心说"，也就是将太阳替换成宇宙的中心，可以大大简化火星的"均轮—本轮"模型，不过，哥白尼还是认为，行星应该围绕太阳做完美的匀速圆周运动。不过由此计算得到的火星位置，与实际观察到的火星位置还是有着很大的差异。

那么，有没有更完美的方法，可以解释火星的逆行呢？

在哥白尼提出"日心说"几十年后，17世纪初，德国天文学家开普勒成为丹麦天文学家第谷的助手，与第谷一起在布拉格工作。

当时第谷拥有全世界最精确的天文观测数据，自然也包含了丰富的关于火星轨迹的记录。不过他们合作没多久，第谷就去世了。于是，开普勒继续完成第谷未竟的事业，利用第谷留下的数据继续做研究。

在之后的多年研究中，火星的逆行问题一直困扰着开普勒。他开始尝试用更多的模型、更多形态的轨道，来计算火星的运动。在历经了大约40次失败之后，开普勒偶然想到了椭圆这一形态，他将火星的数据代入之后，发现椭圆轨道可以完美解释火星的逆行现象。于是他立即推断出，所有的行星，都是按照椭圆轨道来

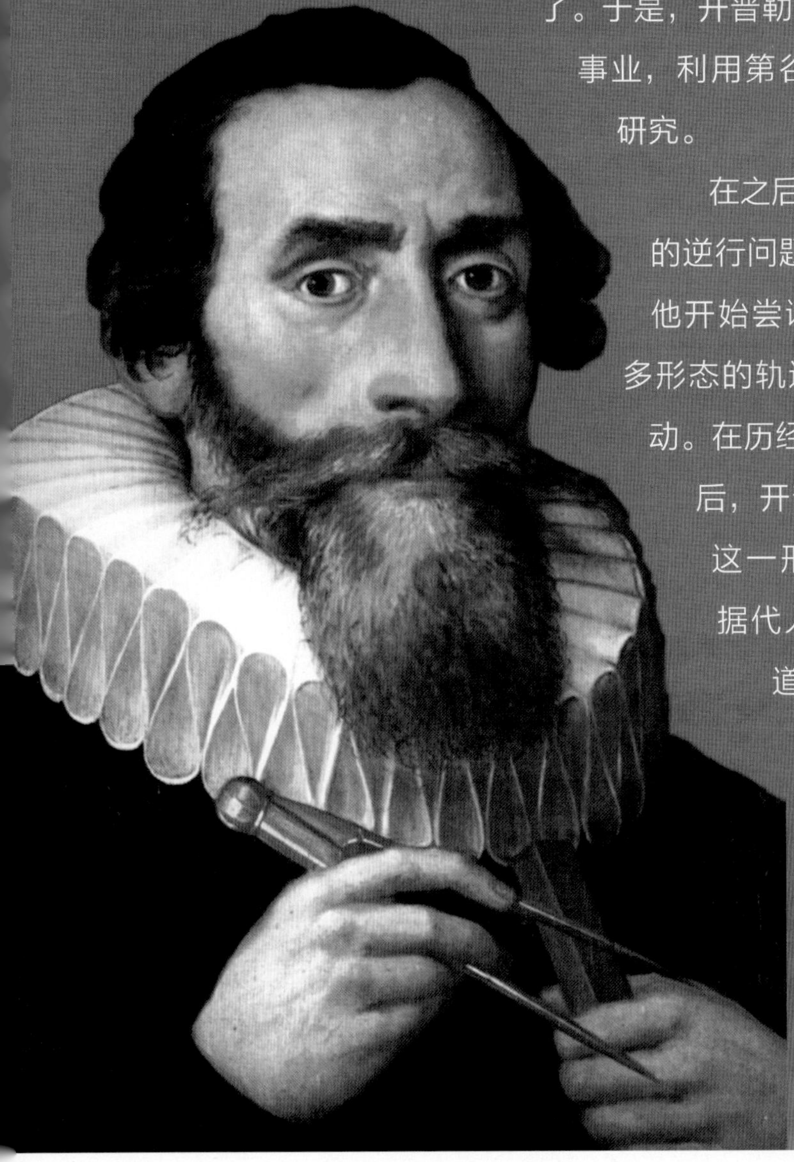

图 2-8 开普勒画像

围绕太阳运动的。

从圆到椭圆，从匀速到变速，开普勒改良了"日心说"，为最终推翻"地心说"打下了最重要的基础。

17世纪初，开普勒根据观测数据总结发现的"行星运动三大定律"，为经典天文学奠定了基石。

● **开普勒第一定律（也称为椭圆定律、轨道定律）：每一颗行星都沿各自的椭圆轨道环绕太阳运动，而太阳则处在椭圆的一个焦点中。**

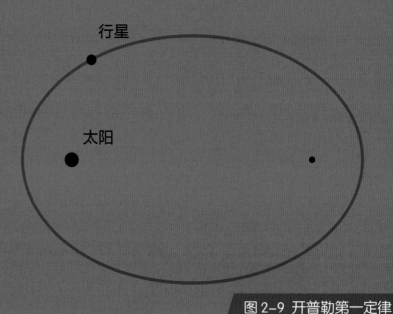

图2-9 开普勒第一定律

● **开普勒第二定律（也称为等面积定律）：在相等时间内，太阳和运动着的行星的连线所扫过的面积是相等的。**

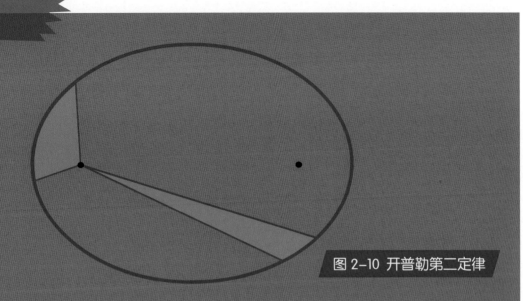

图 2-10 开普勒第二定律

● 开普勒第三定律（也称为周期定律，在 1618 年《世界的和谐》一书中提出）：各行星绕太阳公转周期的平方和它们的椭圆轨道的半长轴的立方成正比。

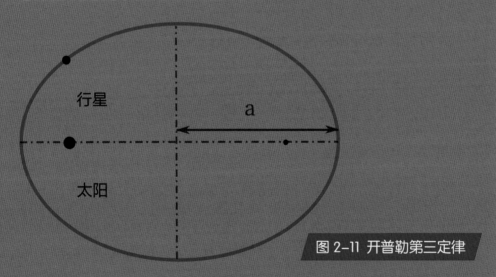

行星

太阳

a

图 2-11 开普勒第三定律

开普勒定律不但在天文学上有着重要的意义，对物理学的发展也起到了不可忽视的作用。美国航天局在开普勒的传记里写到：正是开普勒发现的这些定律，而非故事中提到的苹果，才是真正启发牛顿提出万有引力定律的原因。因此，可以这么说，开普勒在物理学殿堂中也有重要的地位。

无论是喜帕恰斯还是第谷，都是用肉眼观测火星，但无法观测到火星的表面。即便当火星"大冲"的时候，从地球上看，火星达到最大形态，肉眼也根本无法分辨出火星表面的样子。直到望远镜出现，这一问题才得到解决。望远镜不仅使天文观测提升到了一个新的水平，还让人们看清了火星表面的纹理。

根据现有史料推测，光学望远镜最早应该出现在 16 世纪末、17 世纪初。伽利略是已知最早用望远镜进行天文研究的人。从 1610 年 9 月开始，他就通过望远镜来观察火星。但是这台望远镜太过原始，还无法显示火星表面的任何细节。

到了 17 世纪中叶，又一次火星"大冲"的时候，意大利天文学家乔瓦尼和他的学生弗朗切斯科注意到火星上有不同的反照率，也就是有"明"的地方和"暗"的地方。

1659 年 11 月 28 日，荷兰天文学家克里斯蒂安·惠更斯绘制了人类历史上第一幅火星图，上面标注了一个独特的黑暗区域，现在被称为大瑟提斯高原。同年，他又成功地测量出火星的自转周期——约为 24 小时，与现在的火星观测数据相差无几。他粗略地估计了火星的直径——大约是地球直径的 60%，与现在测量的数据（地球直径的 53%）较为符合。

17 世纪下半叶到 18 世纪初，天文学家还观测到了火星的南北极冰盖，并发现了冰盖的面积大小会随着时间而变化。

进入 19 世纪，望远镜光学器件的尺寸和质量都得到了明显

图 2-12 伽利略

图 2-13 荷兰天文学家
克里斯蒂安·惠更斯

改进，促使观测能力获得了显著进步。意大利天文学家乔凡尼·斯基亚帕雷利，几乎将毕生精力都献给了对太阳系天体的观测，他也以对火星的研究而闻名于世。他结合了各种研究结论，将火星上亮的地方命名为"大陆"，暗的地方称为"湖"或"海"。虽然后来科学家经过研究发现了，这些暗的地方并不是水面，火星上的水并不像地球一样以液态形式遍布整个行星表面，而是以冰的形式存在于两极，但是乔凡尼对火星上地点的命名和规则都被保留下来，并沿用至今。

乔凡尼名闻天下的另一个原因，是因为他发现了"火星运河"。1877年又迎来火星"大冲"，乔凡尼观测到火星地表存

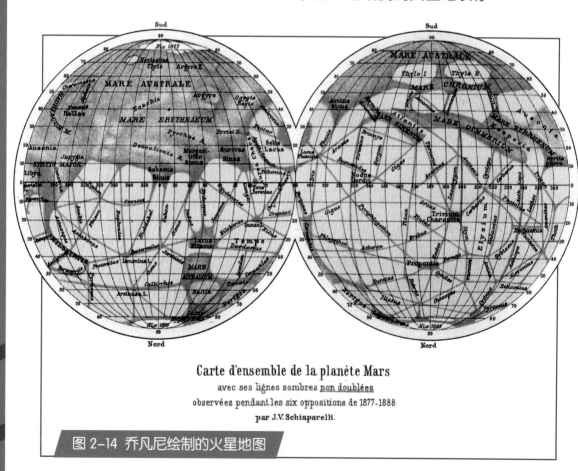

图 2-14 乔凡尼绘制的火星地图

在一些长条的暗线，他将这些暗线命名为 canali，意大利语意为"水道"。当翻译成英语的时候，被误翻译为 canal，英语意为"运河"。

火星运河的发现，激发了科学家的探索热情，他们认为火星可能存在智慧生命，那些长长的、平直的暗线就是火星人开凿的运河。美国天文学家帕西瓦尔·洛厄尔，为了能够更好地观测天体，在美国亚利桑那州建起一个天文台，这也是人们首次把天文台建在远离人烟的高海拔地区。帕西瓦尔将自己对火星观测的结果绘制成图画，并认为自己看到的"运河"和"绿洲"（"运河"交汇处的黑色区域），是火星生命为了应对季节性水资源缺乏而建设的设施。

遗憾的是，火星运河最终被证明是一种视觉错觉。因为地球和火星距离遥远，天文学家即便是用望远镜观测火星，也无法消除距离感，非常容易在观测过程中产生疲劳，从而导致视觉错觉。

进入 20 世纪之后，人类科技大大发展，成功发射了火星探测器，并传回了火星表面的遥感图像，火星运河之说也就不攻自破了。

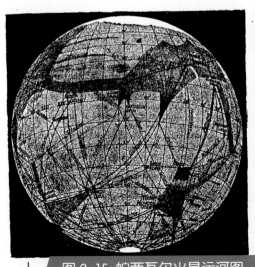
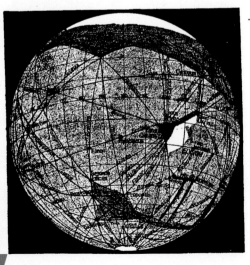

图 2-15 帕西瓦尔火星运河图

探火 "群英会"

20 世纪 50 年代起，随着火箭技术的发展，人类尝试走出地球，踏入太空。

1957 年 10 月 4 日，苏联发射了第一颗人造卫星，然后又在 1961 年 4 月 12 日将加加林送入太空，完成了史上首次载人航天任务。苏联在航天领域取得的成就，沉重地打击了美国人的骄傲感和自尊心，于是美国决定 "弯道超车"，大力推进天体探测的研究，比如月球探测和火星探测。苏联岂能甘于人后？两个超级大国都铆足了劲儿，想要在火星上大展身手。

在发射第一颗人造卫星后仅仅三年，1960 年 10 月 10 日，苏联就向火星发射了第一枚探测器——"火星 1A"，紧接着四天之后，第二枚探测器 "火星 1B" 也发射升空。但是这两颗探测器都以失败告终，甚至没能在绕地轨道上运行。

1962 年 10 月 24 日，当地球与火星的相对距离再一次接近时，苏联的第三枚火星探测器 "火星 1C" 发射，不过也仅仅是到达了绕地轨道，然后又失败了，离到达火星还远着呢。同年的 11 月 1 日，苏联的 "火星 1 号" 探测器终于成功地进入了前往火星的轨道，但就在半途，探测器与地面永远失去了联系，

图 2-16 苏联"火星 1 号"探测器邮票

也宣告失败。苏联在火星探测方面，结结实实地栽了个大跟头。

美国的火星探索，起步要比苏联晚得多。直到 1964 年 12 月 5 日，美国才发射"水手 3 号"，尝试火星探测。但是"水手 3 号"的太阳能板没有及时打开，在发射 8 小时后电池能量耗尽，与地面失去了联系，任务宣告失败。

同年 12 月 28 日，"水手 4 号"发射升空，这一回一切都很顺利，并且在半年多之后到达火星附近。1965 年 7 月 14 日，"水手 4 号"从火星表面 9800 千米上空掠过，向地球发回了 21 张照片。人类第一次如此清楚地看到火星。

"水手 4 号"掠过火星上空，是人类行星探测领域的里程碑。它传回的第一手资料与数据，大大提高了人类观测火星的水平，革命性地更新了人们对火星的认识。通过数据，科学家发现，火星的大气密度远比过去认为的稀薄，也没有发现存在磁场的迹象。这说明火星上存在生物的可能性很小，更不用说存在火星人等智慧生命了。

科学家根据这些数据改进了火星探测器的设计，有针对性地加装了新的科学仪器和设备。1969年，美国发射了"水手6号"和"水手7号"，它们也都成功地掠过火星，带回了火星的遥感影像和大气数据。

进入20世纪70年代，人类的航天技术进

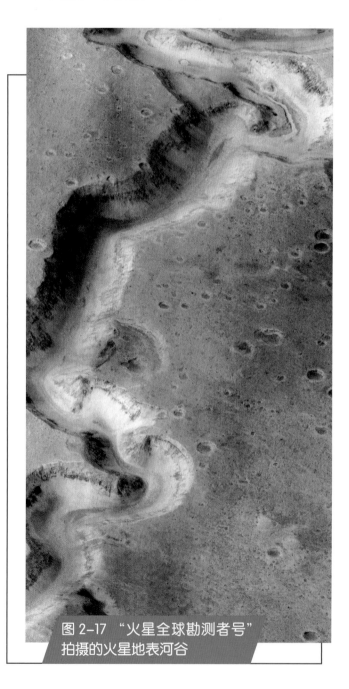

图2-17 "火星全球勘测者号"拍摄的火星地表河谷

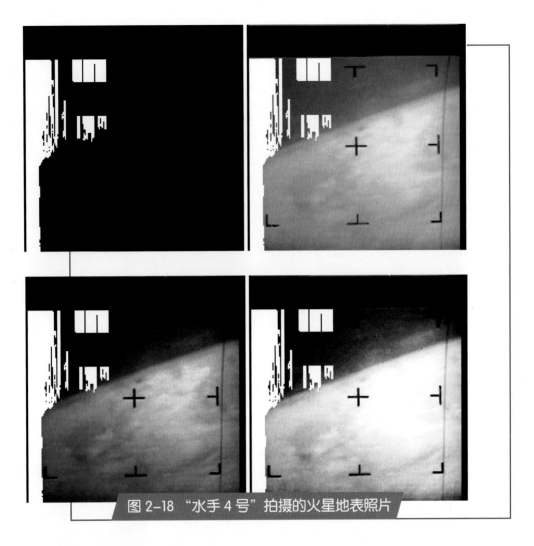

图 2-18 "水手 4 号"拍摄的火星地表照片

一步发展，美国和苏联开始尝试发射真正的火星探测器——可以环绕火星运行的人造卫星。

　　这一次苏联人又走在了前面。1971 年 5 月 19 日和 28 日，苏联成功发射了"火星 2 号"和"火星 3 号"探测器，半年后它们相继进入环绕火星的轨道，成为火星的第一批人造卫星。"火星 2 号"是人类第一个环绕火星的探测器。"火星 3 号"不但完成了环绕，还完成了火星着陆的任务。它总重 4650 公斤，其中着陆舱重 816

人类探索火星

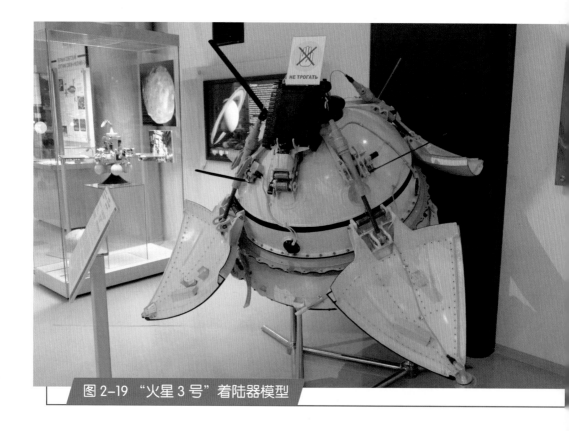

图 2-19 "火星 3 号"着陆器模型

公斤。它在同年 12 月 2 日进入火星轨道后，环绕火星运行 12.5 天，然后在火星表面着陆，6 分钟后向地球发出电视信号，因火星上强烈尘暴的影响，信号仅发送了 20 秒钟，然后就永远与地球失去了联系。"火星 3 号"是人类第一个到达火星表面的探测器。

美国的脚步稍慢了一点儿，但也取得了亮眼的成绩。1971 年 5 月 30 日，美国发射了"水手 9 号"，它在绕火轨

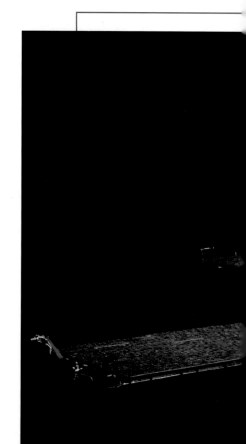

道上工作了将近一年，发回了 7329 张照片，覆盖了火星表面超过 80% 的部分，还对火卫一和火卫二进行了探测。

　　之后，苏联在 1973 年又陆续发射了四枚火星探测器，7 月 21 日升空的"火星 4 号"，于 1974 年 2 月 10 日飞到距火星 2200 千米处，由于制动系统故障，未能进入火星轨道。7 月 26 日上天的"火星 5 号"，于 1974 年 2 月 12 日进入火星轨道，向地面发回火星表面照片，但很快停止工作。"火星 6 号"于 1974 年 3 月 12 日在火星表面着陆，但着陆 1 秒钟后与地面通信中断。"火星 7 号"于 1974 年 3 月 9 日从距火星 1300 千米处掠过，降落装置发生故障，飞行去向不明。由于火星探测连连受挫，苏联暂时中断了这项计划。尽管它们都没有完成既定任务，不过还

图 2-20 "水手 9 号"

是取得了一些成绩："火星4号"实现了火星夜侧电离层的首次检测；"火星5号"传送回60幅图像。

美国于1975年开展的"海盗号"探测计划，是人类历史上最为成功的火星探测计划之一。"海盗1号"于1975年8月30日发射，1976年7月20日在火星表面成功着陆。"海盗1号"着陆器是人类首个成功登陆火星并传回大量珍贵资料的探测器。"海盗"系列实现了在火星的第一次成功软着陆，基本奠定了人类火星探测的基础。它使用核能作为电力来源，在火星表面正常工作超过了6年。"海盗2号"于1975年9月9日发射升空，在1976年9月3日成功着陆，在火星表面正常工作了3年多。

"海盗号"探测计划的主要目的是寻找火星生命迹象，并且也承担了火星气象学、地质学和磁学的研究任务。

从"海盗号"开始，美国就在火星探测上遥遥领先于苏联。

1988年7月7日和12日，苏联相继发射"火卫一1号"和"火卫一2号"探测器，它们在太空飞行200天后到达接近火星的轨道，对火星及其第一颗卫星进行科学考察。

而美国则取得了更丰硕的成果。1996年，美国"勘探者号"探测器成功进入火星轨道，它连续工作了10年之久，最后在2006年11月5日失去联络。紧接着，进入21世纪，美国发射了许多火星轨道探测器，比如火星"奥德赛号"探测器（主

图 2-21 "海盗1号" 拍摄的火星彩色照片

图 2-22 "海盗1号" 在火星地表上挖掘的沟槽

要了解火星表层构成和辐射环境）、火星勘测轨道飞行器（主要用于高分辨率详细考察火星，寻找以后适合的登陆点并提供高速的通信传递功能）；还发射了 5 个着陆火星的火星车，包括"机遇号"（2003 年着陆，2018 年失联）、"勇气号"（2004 年着陆，2011 年失联）、"凤凰号"（2008 年 5 月在火星北极着陆，2008 年底信号消失）、"好奇号"（2011 年 11 月着陆）、"洞察号"（2018 年 5 月着陆），目前"好奇号"和"洞察号"仍在火星上努力工作。凭借这些探测器，美国几乎实现了对火星的立体勘察，发现了火星存在季节性液态水以及远古海洋环境的证据，揭开了火星大气的消失之谜。

欧洲在火星深空探测上起步较晚。2003 年，欧洲航天局发射了"火星快车号"探测器，其轨道器运行正常，但其着陆器——"猎兔犬 2 号"却失踪了。有趣的是，2015 年初，美国航天局的火星探测轨道飞行器发现了疑似失踪的"猎兔犬 2 号"。轨道图像显示此着陆器已成功登陆火星，但是未能打开电池板，因此无法与地球取得联系。

"火星快车号"取得了重大发现。例如，"火星快车号"上的高分辨率立体相机（HRSC）拍摄的照片显示，在火星北极附近一个未命名的环形山的底部，有一块水凝结成的冰。另外，2004 年，"火星快车号"探测器的紫外线和红外线大气层光谱仪发现了火星极光的存在。目前，"火星快车号"已绕火星转达两万余次，传回了大量的资料和地表影像，也为火星探测做出了巨大的贡献。

在进入新千年之际，对于火星探索，亚洲国家也在跃跃欲试，陆续登场。

日本"希望号"火星探测器于 1998 年 7 月 3 日发射升空，使日本成为世界上第三个发射火星探测器的国家。但是，"希望号"因遭遇阀门故障、太阳耀斑影响、主推进器故障等问题，在经历长

图 2-23 火星快车号

达 5 年的艰难飞行后，还是以失败告终。

我国设计制造的第一颗火星探测器——"萤火一号"，于北京时间 2011 年 11 月 9 日乘坐俄罗斯"天顶号"运载火箭升空，搭载在俄罗斯火星探测器"福布斯—土壤号"内部。由于"福布斯—土壤号"探测器在地球与火星转移轨道时主发动机未启动，变轨失败，导致"萤火一号"未能到达火星。（受"福布斯—土壤号"搭载空间有限的影响，"萤火一号"总重约 110 公斤，体积不到 1 立方米，"萤火一号"麻雀虽小但五脏俱全，它搭载了两台摄像机、两台磁强计以及离子探测包、光学成像仪等 8 套设备，它的任务是在火星上寻找水源、火星磁场强度与太阳风在火星轨道上强度测算，以及获取火星影像。）

印度于 2013 年成功发射了火星探测器，是史上最便宜的火星计划（费用为 7500 万美元），投资额还不及一部好莱坞大片。本项任务是印度的首个行星际探测任务。印度空间研究组织是继俄罗斯太空总署、美国航天局、欧洲航天局之后第四个成功进行火星任务的太空机构。

而 2020 年，可以称之为"探火"大年。在原计划中，中国、美国、欧洲、印度、阿联酋 5 个国家或地区都会在 2020 年开展火星探测任务。但欧洲的"富兰克林号"和印度"火星轨道二号"因故推迟，剩余三个国家都在 7 月密集进行火星探测器的发射。2020 年 7 月 20 日 5 时 58 分，阿联酋航天局的"希望号"火星探测器从日本鹿儿岛县种子岛太空中心发射升空，这是阿联酋第一次执行火星探测任务。2020年7月23日12时41分，中国的"长征五号"遥四运载火箭在中国文昌航天发射场发射火星探测器"天问一号"。而大洋彼岸的美国航天局的火星车"毅力号"也于7月30日发射升空。

人类对宇宙的探索没有止境，新的征程必将揭开新的未知，迎来新的划时代发现！

截至2021年末，正在火星（表面及火星轨道）执行任务的探测器有：

（1）"奥德赛号"（美国）发射时间：2001年4月7日，正常工作中。

（2）"快车号"（欧洲）发射时间：2003年6月2日，正常工作中。

（3）火星勘测轨道飞行器（美国）发射时间：2005年8月12日，正常工作中。

（4）"好奇号"（美国）发射时间：2011年11月26日，正常工作中（火星陆面作业）。

（5）曼加利安火星轨道探测器（印度）发射时间：2013年11月5日，正常工作中。

（6）火星大气与挥发物演化任务探测器（美国）发射时间：2013年11月18日，正常工作中。

（7）火星微量气体任务卫星（欧洲/俄罗斯）发射时间：2016年3月14日，正常工作中。

（8）"洞察号"（美国）发射时间：2018年5月5日，正常工作中（火星陆面作业）。

（9）"祝融号"（中国）发射时间：2020年7月23日，正常工作中。

（10）"毅力号"（美国）发射时间：2020年7月30日，正常工作中。

揭秘火星

（1）火星的地质与地貌

从人类可以用望远镜清楚地看清火星的表面形态开始，科学家就将极大的热情倾注在研究火星上。研究的最初阶段，科学家根据火星地表的特征，对火星的各个地方进行了命名。

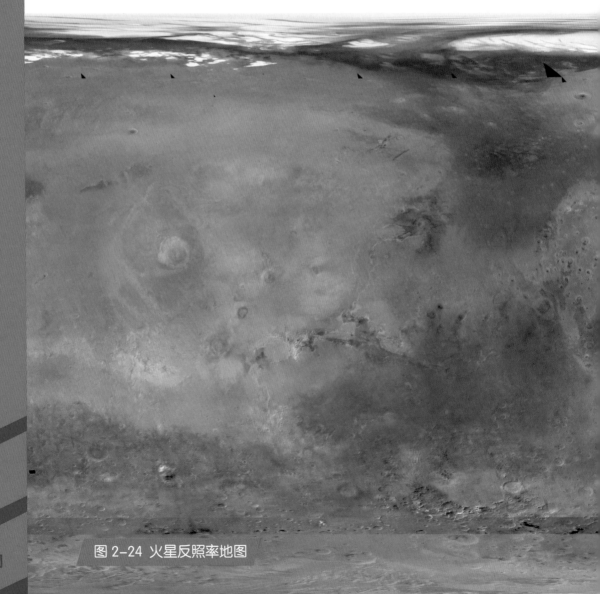

图 2-24 火星反照率地图

通过望远镜看过去，火星地表比较亮的地方被称为"陆地"，比较暗的地方被称为"海洋"。在"水手 4 号"火星探测器第一次飞掠火星并拍下遥感图像之后，科学家才知道：火星地表的暗区不是水体或者植被，而是荒凉的陆地；水反而存在于比较亮的地区，火星的南北极要比其他地区亮得多，因为火星的南北极也像地球一样，存在着冰盖。火星的北半球比南半球更亮一些，是因为北半球存在着大量的沙子，能够反射阳光，所以看起来更亮。除了冰盖和沙子，地面上空的云也让这个区域看着更亮，在反照

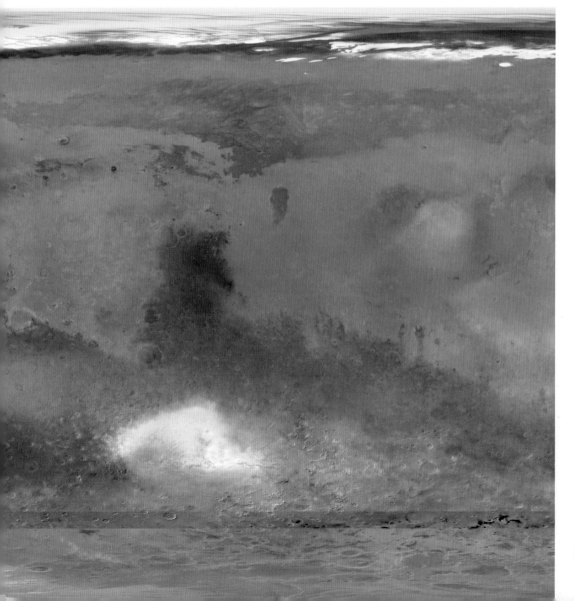

率地图的右下角，有个很明显的白色团块，那就是火星"希腊平原"上的卷云。

20 世纪下半叶，航天技术飞速发展，人类可以通过探测器近距离接触火星，于是科学家开始建立火星的经纬度系统。火星赤道的定义和地球的一样，就是垂直于火星自转轴的南北分界线。但是对于本初子午线，也就是 0 度经线来说，就必须人为定义了。1972 年，"水手 9 号"火星探测器测绘了火星地貌之后，将穿越艾里 -0（airy-0）撞击坑的经线定义为火

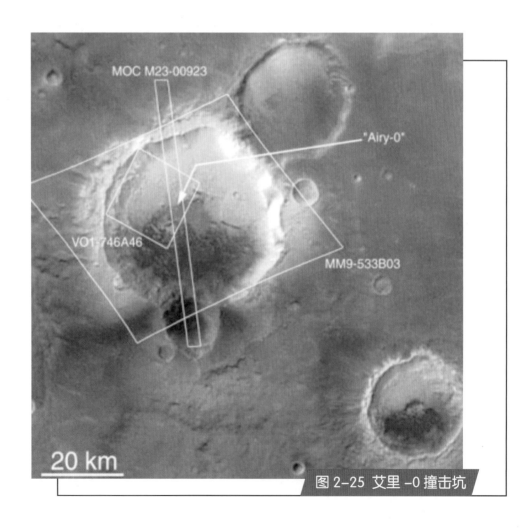

图 2-25 艾里 -0 撞击坑

星的本初子午线。

现在火星的地名，在大的区域保留了按照反照率特征命名的名字，不过随着对火星认识的加深，也更新了部分地名，如，原来的奥林匹克雪原更名为奥林匹斯山（也被翻译为奥林波斯山或奥林帕斯山）。更具体的区域则会根据它们真正的地貌特征进行命名，比如台地、高地、谷等。而火星的大撞击坑以重要的科学家和科幻作家命名，小陨石坑则以地球上的村镇命名。

火星上最明显的地理特征，当数南北半球的巨大差异。火星

图2-26 "天问一号"任务着陆器和巡视器拍摄的火星全局环境感知图

南　　　　　　　　　　　　　　　　　　　　西

180°　　　　　　　　　　　　　　　　　　　270°

人类探索火星

北

0°

东

90°

的北半球有一个巨大的盆地，低地大约占了火星地表总面积的三分之一；南半球则是高原，存在大量撞击坑。南北半球的高程差达到了 1 千米到 3 千米。

火星又被称为"平静"天体，没有显著的板块运动、水循环和生物活动。不过某地区单位面积的撞击坑密度，可以反映出该地区的形成年代。因为火星一直在自转，各个地方遭受陨石撞击的概率都是一样的，如果哪个地区的撞击坑特别多，或者说单位

图 2-27 火星地形图

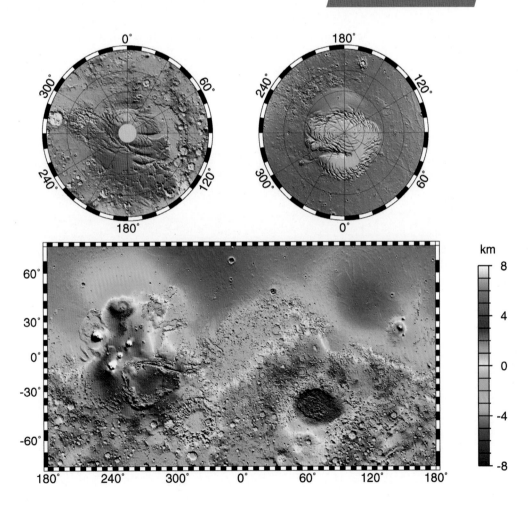

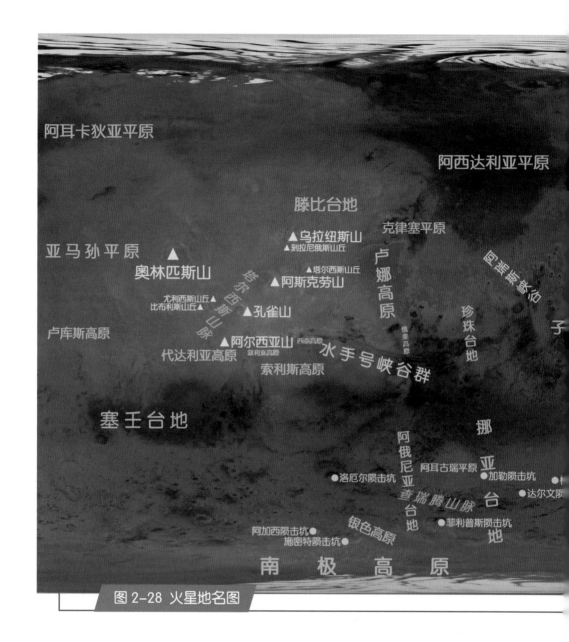

阿耳卡狄亚平原

阿西达利亚平原

滕比台地

乌拉纽斯山

克律塞平原

亚马孙平原

奥林匹斯山

刻拉尼俄斯山丘

卢娜高原

塔尔西斯山丘

珍珠台地

阿斯克劳山

尤利西斯山丘
比布利斯山丘

孔雀山

卢库斯高原

阿尔西亚山

水手号峡谷群

代达利亚高原

索利斯高原

塞壬台地

挪亚台地

阿俄尼亚

阿耳古瑞平原

加勒陨击坑

达尔文陨击坑

洛厄尔陨击坑

查瑞腾山脉

菲利普斯陨击坑

阿加西陨击坑

银色高原

施密特陨击坑

南 极 高 原

图 2-28 火星地名图

面积的撞击坑密度大，那就能够断定这个地区的形成年代更古

老。因为只有长时间的撞击才能造成大量的撞击坑。

　　火星的南半球存在着大量的撞击坑，说明南半球表面的形

成年代要比北半球古老得多。

　　关于火星南北半球的差异，还存在很多假说来解释形成原

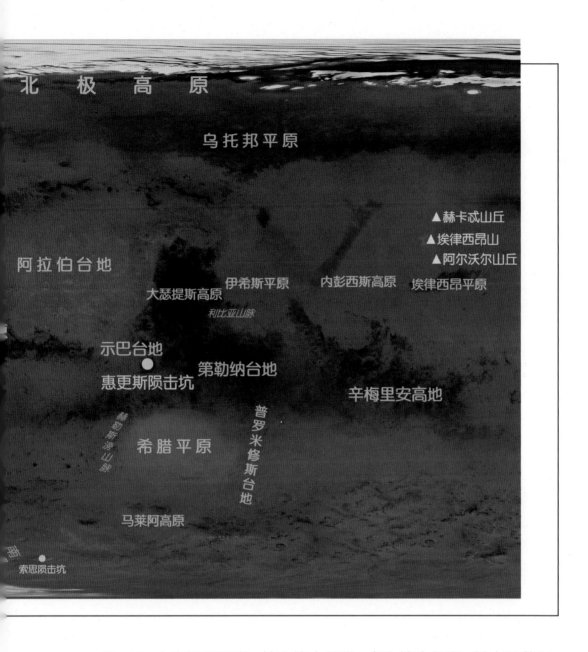

北极高原

乌托邦平原

▲赫卡忒山丘

▲埃律西昂山

▲阿尔沃尔山丘

阿拉伯台地

伊希斯平原　　内彭西斯高原　埃律西昂平原

大瑟提斯高原

利比亚山脉

示巴台地

第勒纳台地

惠更斯陨击坑

辛梅里安高地

赫勒斯滂山脉

希腊平原

普罗米修斯台地

马莱阿高原

索思陨击坑

因，如，内生起源假说、单次撞击假说、多次撞击假说。其中最著名，也是比较广为接受的假说，是"单次撞击假说"。这种说法认为，火星巨大的北极盆地是由一颗很大的天体撞击导致的。这次撞击发生在太阳系形成的早期阶段，因此本来应该是圆形和椭圆形的盆地边缘，被玄武岩覆盖，形成如今的非规整形状。有科学家通

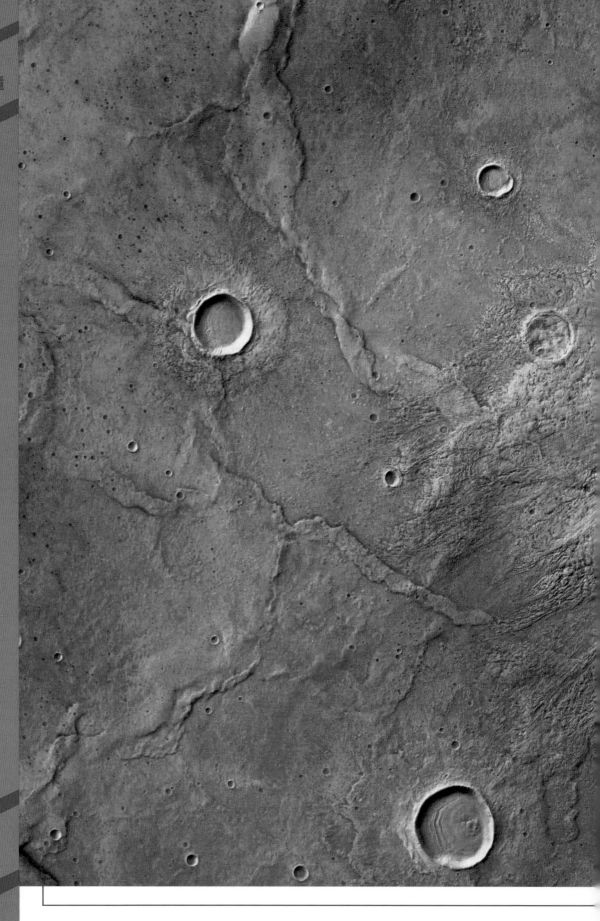

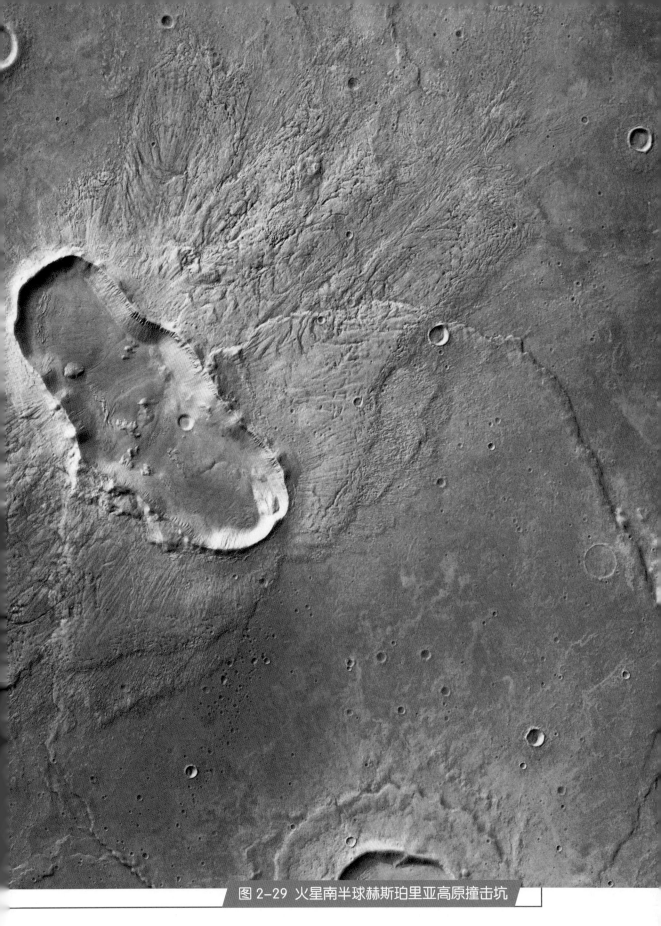

图 2-29 火星南半球赫斯珀里亚高原撞击坑

过研究火星重力场和地形，重新探索了埋在火星地表之下的椭圆形分界线，将北极盆地解释为椭圆形，让"单次撞击假说"更具合理性。

不过这只揭开了火星奥秘的冰山一角，具体的原因还需要更多的数据和研究来揭示。

火星上还有全太阳系已知最高的高山——奥林匹斯山，和全太阳系已知最大最长的峡谷——"水手号"峡谷。

奥林匹斯山高于火星海平面 21.23 千米，接近珠穆朗玛峰高度的三倍；宽度为 648 千米，几乎相当于以北京为圆心，半径最远能够到济南和德州之间的一个巨大的圆。

奥林匹斯山是一座盾状火山，它是由喷发后冷却的玄武岩长期积累而成的。火星没有板块运动，所以火山底下的热点可以维持在固定的位置，导致火山持续积累熔岩而升高，因为火星上的重力加速度更小，岩浆可以喷发到更高的高度，于是提高了火山海拔的上限。地球因为有板块运动，所以地球上的火山会形成火山岛链，比如美国夏威夷地区的火山链。如今，奥林匹斯山似乎停止了火山活动。

从三维影像上看，奥林匹斯山具有宽广平缓的斜坡，就像一个盾牌，这也是"盾状火山"名称的由来。它的山顶有一个凹陷的区域，这是地下岩浆库空了之后，顶部塌陷形成的火山口。奥林匹斯山有五个火山口，说明它的岩浆库有过五次形成

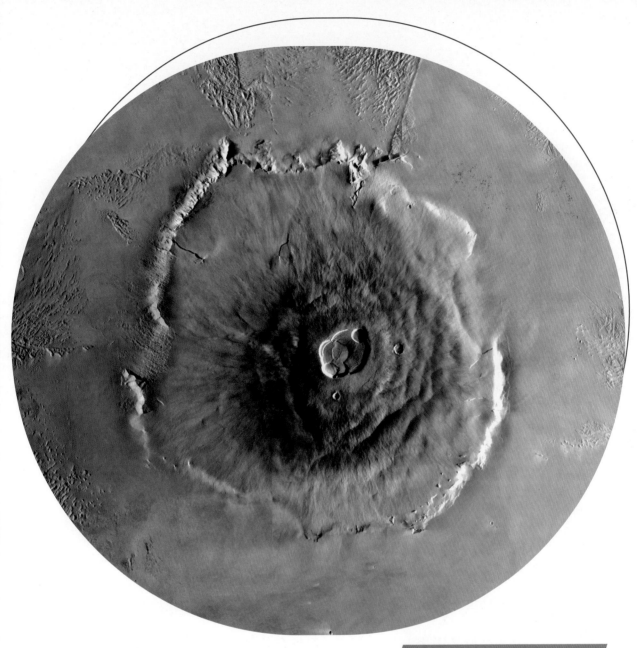

图 2-30 奥林匹斯山遥感影像

和枯竭。

在奥林匹斯山的边缘地区，有 4 千米—8 千米高的峭壁，在火星上也比较少见。

有高山存在，就会有深谷。火星的"水手号"峡谷，位于低

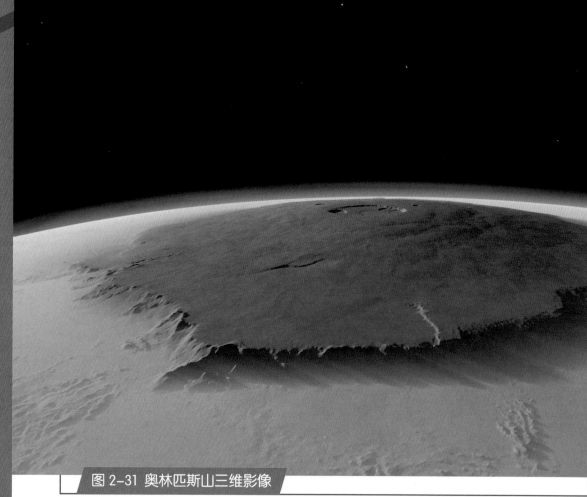

图 2-31 奥林匹斯山三维影像

纬度地区，长 3769 千米，比从哈尔滨到三亚的距离还要远；

最低处有 7 千米—8 千米深，足够容纳地球上非常多的高山。

"水手号"峡谷的成因，目前还没有办法确定。广为接受

的假说认为，峡谷起源于一道小裂缝，之后不断扩展，逐渐形

成了大峡谷，与地球的东非大裂谷的形成原因相似。不过，东

非大裂谷的形成是板块运动造成的，而火星上没有明显的板块

运动的证据，所以"水手号"峡谷极有可能是另一种地质运动

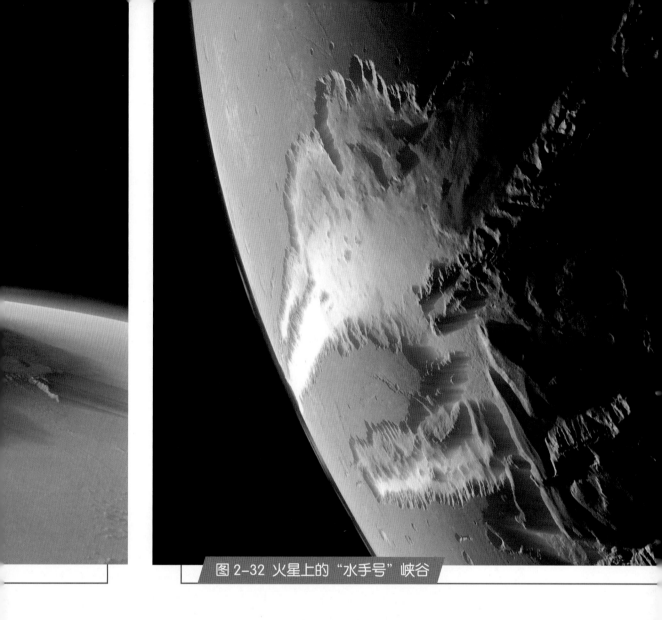

图 2-32 火星上的"水手号"峡谷

造成的。

　　还有一种说法认为，数十亿年前，火星刚刚冷却，"水手号"峡谷所在的区域——塔尔西斯高原开始隆起。当它隆起到一定程度时，地表已经无法支撑整个高原，导致隆起附近出现了大量的下陷区域。随着更多的火山活动，地壳失去平衡，塔尔西斯高原下陷，就形成了"水手号"峡谷。

　　根据现有研究，火星岩石主要由玄武岩和安山岩组成，这两种岩石都是火成岩，即由火山活动形成的岩石。除了火成岩，火星也分布着另外两大岩石种类——沉积岩和变质岩，只是数量要少得多。

火星上的部分沉积岩分布在撞击坑内，可能是撞击坑积累液态水造成的，是火星曾经存在液态水的间接证据。变质岩也同样存在于火星撞击坑之内，这是陨石撞击火星表面，高温高压导致原来的玄武岩变质而造成的。

火星上可以种菜吗？火星上也有土壤，只是物质组成和地球土壤有很大的不同。地球的土壤中有各类矿物质，包含植物生长所必需的磷、钾元素，并且土壤中的固氮细菌可以将大气

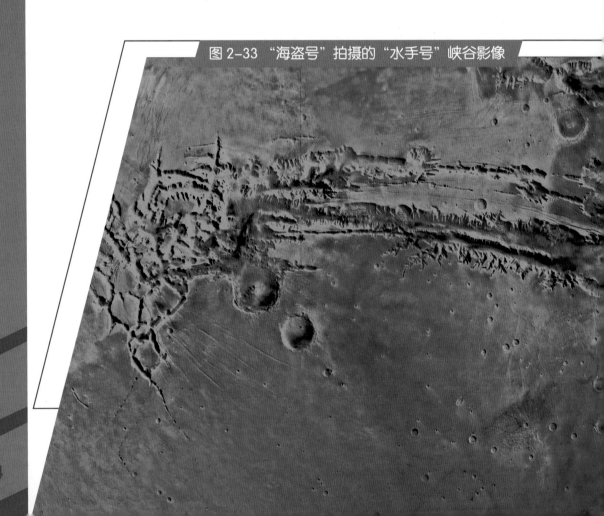

图 2-33 "海盗号"拍摄的"水手号"峡谷影像

中的氮转化成植物可以使用的形式。除此之外，地球土壤还具有生物分解后的有机物、空气，以及充足的水。

但是火星上的土壤几乎全部由矿物质组成，只有少量的水。火星土壤中的矿物质来自风化的火山岩，有着黏土大小的颗粒，但是因为很干燥，总体来说是沙土。因为含有大量的氧化铁，所以土壤呈现为红色。

不过，火星土壤也含有植物必需的养分，比如磷和钾，只是这些成分的含量太低了，没有办法支撑植物的健康生长。如果要在火星上种菜，需要用肥料改良土壤。

但是，火星土壤还具有高氯酸盐，其中的氯对动植物都有害，

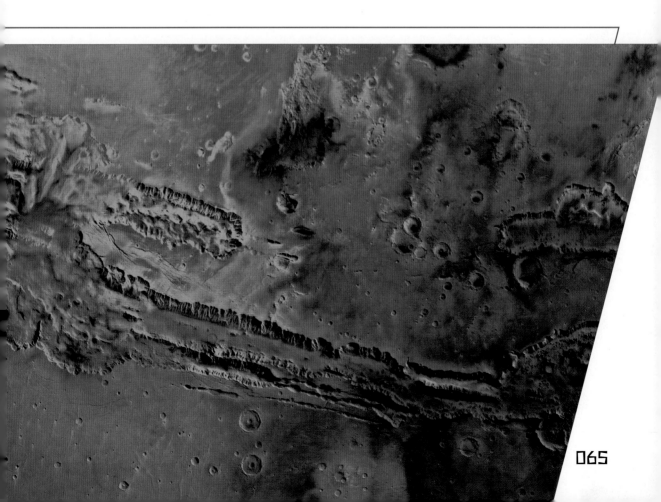

需要先提取出这些有毒物质才能种菜。

想要在火星上种菜，还要克服缺液态水、大气稀薄、极端温度等问题。现在已经有一些研究，进行了模拟火星土壤种植作物的实验，证明了在火星上种菜也是有可能的。

火星上的地貌还会形成很神奇的现象，比如"火星之脸"。

2016 年，美国航天局和秘鲁国际土豆中心合作，模拟火星环境对土豆种植进行研究。这个联合研究小组设计了一个密封环境，作为"火星土豆"的生长环境，封装在一个特制卫星里，搭乘运载火箭发射到太空轨道，进行太空培育实验。

"火星土豆"的生长环境，全部模拟火星的温度、气压、氧气和二氧化碳的含量，土壤来自秘鲁干旱的阿塔卡马沙漠——一种最接近火星的土壤。土豆品种来自孟加拉国，一种在恶劣气候、盐碱土质中也能繁育的土豆。

令人震惊的是，在地球轨道绕行数周后，立方体卫星携带的实验监控镜头传回的图像显示，短短几个小时内，土豆新芽就破土而出，长势惊人。

图 2-34 火星土壤

1976 年，"海盗 1 号"探测器飞抵火星上空，在北纬 40.75°、西经 9.46°的基多尼亚桌山群拍摄了一张照片。人们发现，在这张照片中，居然有着一张"人脸"！

这张照片立即引起了全世界的轰动，人们开始猜测火星上是否有智慧生命，而存在特别发达的文明才能建起"火星之脸"这样的工程。但是随着科技水平的进步，人类火星探测器的影像分辨率越来越高，再次拍下"火星之脸"，发现它不过就是很普通的一座山而已。这其实与"火星运河"一样，只是在阳光照射和人类的心理作用下形成的视觉错觉而已。

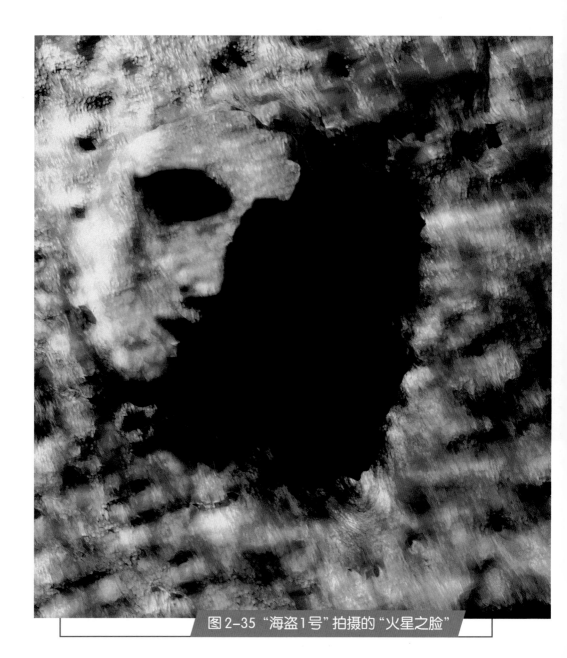

图2-35 "海盗1号"拍摄的 "火星之脸"

（2）火星的大气和水

从遥感影像上可以看到，火星确实有一层薄薄的大气。地球的气压约为 1013 百帕，但是火星表面的平均气压仅有 6 百帕，还不到地球气压的百分之一。

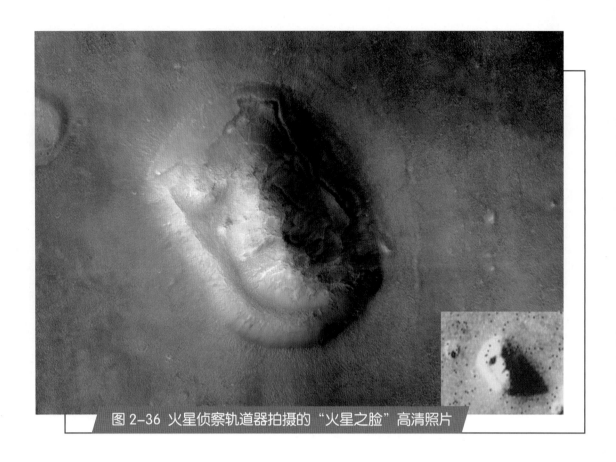

图 2-36 火星侦察轨道器拍摄的"火星之脸"高清照片

　　造成火星大气稀薄的最重要原因，是火星的质量要比地球小得多，所以火星上的各种气体分子更容易逃逸到宇宙中。

　　火星的大气组成与地球有着明显的不同：地球的大气 78% 是氮气，21% 是氧气，其余的气体组成剩下的 1%，其中二氧化碳只占 0.04%；而火星的大气中有 95% 的二氧化碳、3% 的氮气、1.6% 的氩气，以及些许氧气和甲烷。

　　火星在冬天的时候，极区会进入极夜，温度迅速下降，大气中多达 25% 的二氧化碳会在极冠沉淀成干冰，到了夏季再升华回大气中。这个过程会导致极区周围的气压与大气组成在一年之中

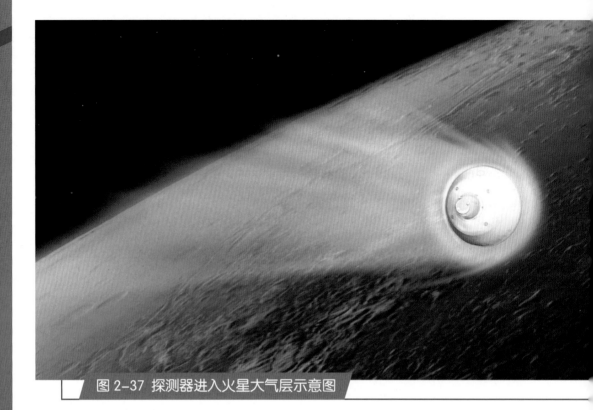

图 2-37 探测器进入火星大气层示意图

变化很大。

火星上同样有云，在夏季，二氧化碳升华回大气中的时候，也会带来微量的水汽。这些水汽就会造成大片卷云，"机遇号"就拍到了这些卷云的照片。

不过最吸引我们注意力的，是火星大气中少量的甲烷。2004 年，"火星快车号"探测器证实了甲烷的存在。甲烷是一种不稳定的气体，很容易在阳光中变成水和二氧化碳，如果大气中要维持一定量的甲烷，那么必须存在某种甲烷的来源。

在地球上，生命活动是甲烷很重要的来源。火星没有同地球一样的生命活动，却可能存在着微生物一直产生甲烷。这种可能性让科学家十分兴奋。

　　除了生命活动，地质活动等途径也会产生甲烷。但是火星近期缺乏火山活动，又不存在板块运动，排除了这种可能性。

　　欧洲航天局还发现了甲烷的分布并不均匀，却和水汽的分布相当一致，有可能是因为火星的地下水中存在某种可以产生甲烷的微生物。不过这只是一种可能性，还没有办法确定火星是否真的有地下水，是否真的存在这种微生物。

　　2013年，美国航天局的科学家发现"好奇号"的测量数据没有侦测到大气中的甲烷，所以他们认为产生甲烷的微生物的活性概率很低，火星非常有可能不存在生命。即便这样，火星上还是

图 2-38 火星上的云

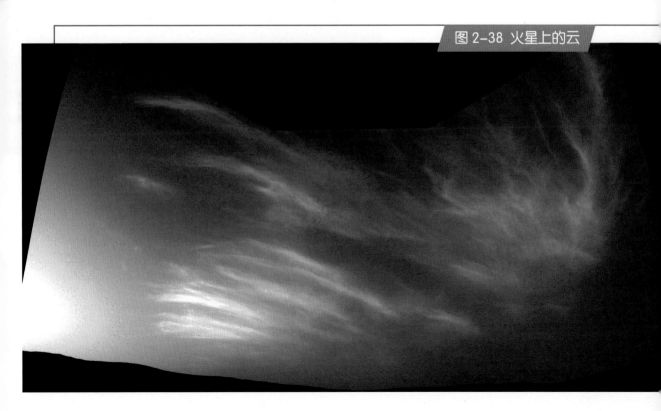

南极冠

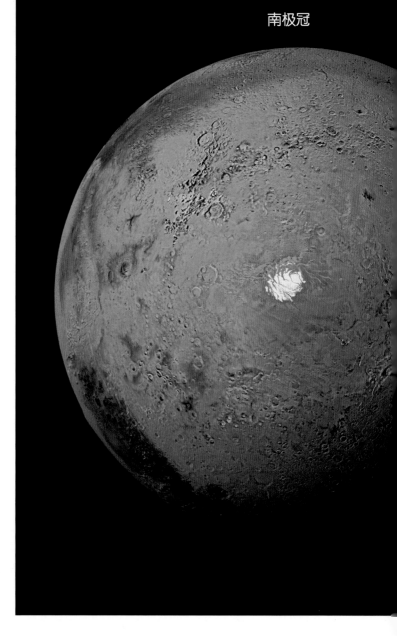

有可能存在不会排出甲烷的微生物。

火星上的水，大多以冰的形式存在于两极，也有少量的水蒸气存在于大气层内。

火星两极的冠主要由水冰组成，在冬季，也会凝结出一层干冰。火星北半球的冬季，会导致北极有1米厚的干冰层；在南极，则有着厚约8米的永久干冰盖。在火星北半球的夏季，北极冠的直径约为1000千米，有着160万立方千米的冰，如果均匀分布在北极冠，则会有2千米厚；南极冰冠的直径为350千米，厚度约3千米，冰的总体积和北极也差不多。

火星两极的极冠都表现出"层状特征"，这是由冰的季节性融化和沉积造成的，其中还间杂着火星沙尘暴覆盖的尘

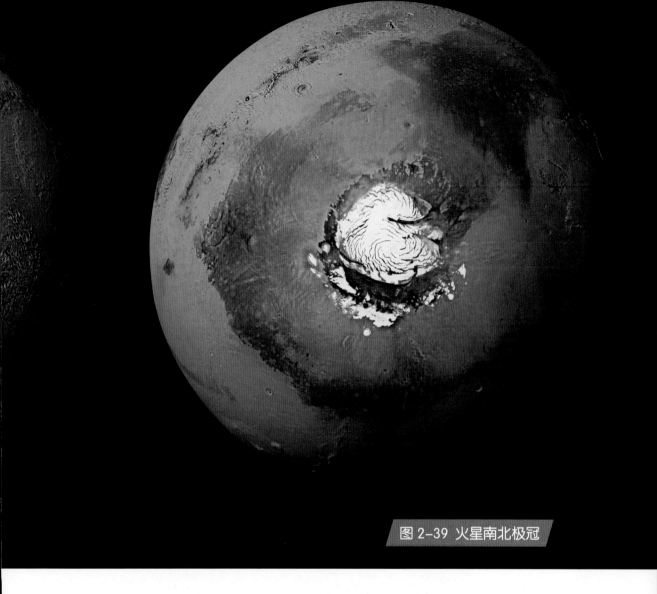

图 2-39 火星南北极冠

埃。就像我们在地球上，可以根据从两极采集的冰柱来研究地球气候的历史一样，在未来，也可以在火星的两极采集冰柱，来研究火星过去的气候。

尽管大量的研究认为，火星上曾经存在液态水，但是火星探测器并没有发现液态水，这是为什么呢？

因为火星的液态水已经不复存在了，但是它们形成的水成地貌却留在了火星的地表。"水手9号"在火星表面发现了水流形成的"河道"。之后,"海盗号"火星探测器在火星表面发现了更多需要大量水流才能形成的地貌,比如滔滔洪水突破障碍切出的深谷,洪水还在岩床上留下了移动数千千米的痕迹。而在南半球的大片区域,存在河道的网络,反映了火星曾经存在过降雨。

最近研究人员发现,火星非常有可能还存在着液态水,

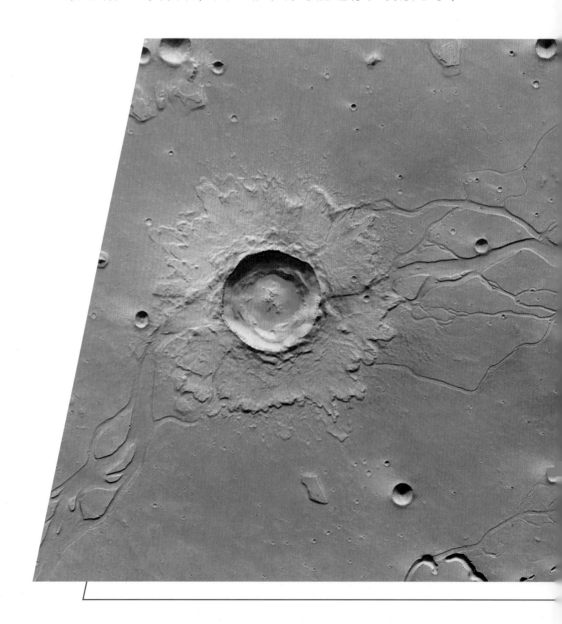

那就是咸水湖。2018年7月，根据"火星快车号"传回的数据，研究人员推断在火星南极冰封的地表下存在着一个咸水湖。近几年，专家还分析了十年内从火星上传回的所有雷达图像，他们发现火星上不止一个咸水湖，已有证据表明火星地表下有多个咸水湖存在。研究显示，最大湖泊直径约19千米，最小湖泊直径约5千米。火星的平均气温约 –60℃，在这样的环境中，液态水很难存在于地表。不过如果湖水中含有高浓度的盐，那么湖水的冰

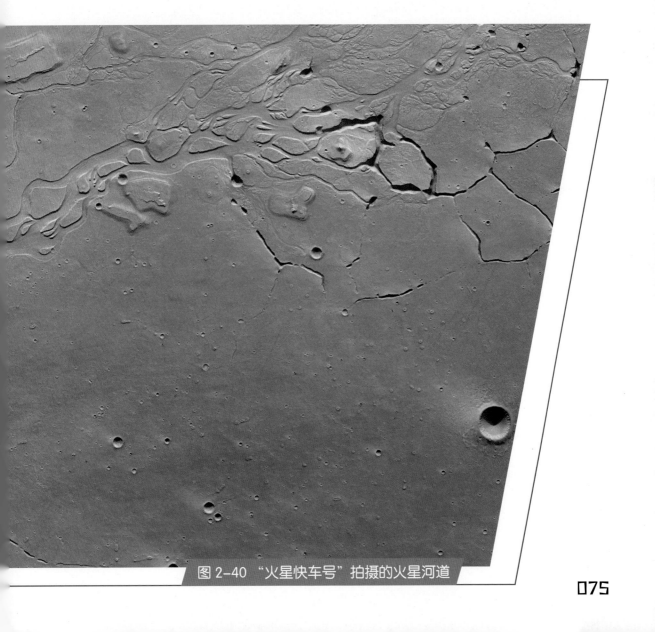

图 2-40 "火星快车号"拍摄的火星河道

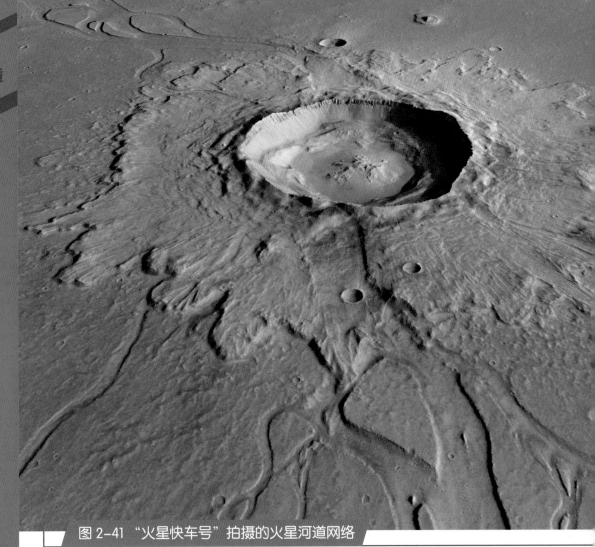

图 2-41 "火星快车号"拍摄的火星河道网络

点就会大大下降，所以也就能以液态的形式存在。

后续的火星探测器发现了更多流水造成的地貌，比如地表的沉陷，就有可能是地下水蒸发之后造成了空洞，导致地貌沉降产生的。

除了地貌，火星上的矿物也与水有关。研究人员找到了分布很广的氯化物盐类矿物。它们通常是溶液溶解矿物后的产物。存在氯化物矿物的地区很可能是火星的古代湖泊，而这些区域有可能孕育了火星的生命，或许可以在这里找到火星生命的遗迹。

火星上的水还形成了其他神奇的现象，比如"火星快车号"探测器就发现了充满了冰的撞击坑。通过研究其他撞击坑内部的沉积物、分析成分，可以判断这些撞击坑是否曾经存在过液态水。

图 2-42 装满冰的科罗廖夫撞击坑

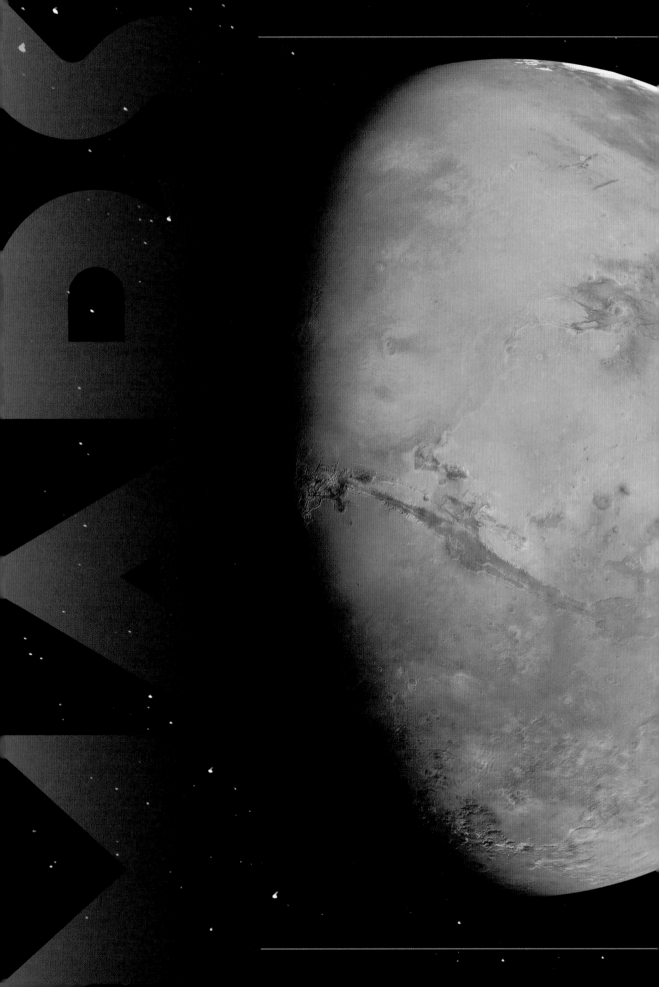

揭秘『天问一号』火星之旅

第三章

孜孜天问

2300 年前，屈原立于华夏大地之上，遥望星空，不禁心潮澎湃，写下《天问》这一旷世奇文，发出了这样的千古一问："日月安属，列星安陈？"

这一问，问的是瞬息万变的生发湮灭，问的是宇宙万物的运行规律，问的是天地恒常的古今真理。这一问里，包含了中华儿女探索未知的梦想，也包含了中华文化对于宇宙奥秘的孜孜以求。

而"天问"这个诗题，在中华民族通往伟大复兴的道路上，有了新的含义。

2020 年 4 月 24 日是第五个"中国航天日"，中国国家航天局宣布中国行星探测任务被命名为"天问系列"，首次火星探测任务被命名为"天问一号"。

火星探索从"两弹一星"工程立项那一天起，就成为中国航天人命中注定的任务。

1970 年 4 月 24 日，"东方红一号"卫星在酒泉卫星发射中心成功升空，标志着中国成为世界上第五个能够独立发射人造卫星的国家（前四个国家为苏联、美国、法国、日本），也

图 3-1 "东方红一号"卫星

意味着中国人终于把脚步迈向了太空。

"东方红一号"卫星不仅仅是一颗卫星，还是从地面控制到火箭发射，从卫星环绕到人才梯队建设等一系列能力的体现。可以说，没有"东方红一号"卫星，一定不会有今天的"天问一号"火星探测器。

为了纪念"东方红一号"的成功发射，4 月 24 日成为"中国航天日"。

不过"东方红一号"只是一颗围绕地球飞行的卫星，它虽然走出了地球的"襁褓"，但是还没有走出绕地轨道的"摇篮车"。所以在飞向火星之前，还需要更多的实验，来验证我们的太空探测技术。

于是，探测月球就成为实现梦想的下一步目标。

进入新千年之后，中国的经济、科技飞速发展，为月球探测和深空探测打下了坚实的基础。

2007 年 10 月 24 日，"嫦娥一号"月球探测器成功发射，并且在当年的 11 月 7 日成功进入了围绕月球的工作轨道，开展了大

图 3-2 "嫦娥一号"探测器

量的科学观测工作。

"嫦娥一号"的成功发射是中国在月球探测与深空探测领域重要的里程碑，标志着中国掌握了发射探测器到宇宙天体的技术。尽管地球与月球之间的距离，相比于地球到火星的距离要短得多，但是能够成功探测月球，可以说是从 0 到 1 的突破，为探索火星打下了最直接，也是最重要的基础。

除了"嫦娥一号"，还有一项航天任务，也为探索火星提供了重要的技术准备，那就是"嫦娥三号"携带的着陆器和"玉兔号"月球车。

在中国探月任务"嫦娥工程"设计之初，整个计划就设计为三个阶段：绕、落、回。

"绕"是指让探测器可以围绕月球进行观测，也就是"嫦娥一号"的任务；而"落"则是指探测器可以在月球表面进行

图 3-3 "玉兔号"月球车

软着陆，然后携带的月球车与着陆器分离，在月球表面进行巡视，进行相关的科学工作，也就是"嫦娥三号"和它携带的"玉兔号"需要完成的任务。

2013年12月2日，"嫦娥三号"在西昌卫星发射中心成功发射。12天后，在12月14日成功实施软着陆。12月15日，"嫦娥三号"着陆器与"玉兔号"月球车成功分离，"玉兔号"踏上了月球表面。

不过"玉兔号"的首次征途也并非事事顺心，就在它第二次月夜休眠之前，月球车的机构控制出现了故障。在抢修人员的努力下，虽然"玉兔号"的行动能力已经丧失，但是它的科学探测功能还可以正常工作。直到2016年7月31日，"玉兔号"才停止工作，超期服役两年多。

在分析"玉兔号"的故障时，航天科研人员推测，造成"玉兔号"失去行动能力的原因可能是它在行走时带起的大量月壤颗粒。这些颗粒会形成粉尘，进入月球车内部，并对内部的设备造成破坏，导致月球车无法行走。

于是，2018年5月21日发射的"嫦娥四号"所携带的"玉兔二号"月球车，针对之前出现的问题做了改进。如今，"玉兔二号"月球车完美地履行着自己的职责，一直在正常工作。早在2019年12月20日，"玉兔二号"就创造了月球车月面最长工作时间的世界纪录，并且一直保持到今天。截止到2021年7月，"玉兔二号"已经开始了第32个月昼的工作，在月球背面度过了900多天，在月球上累积行驶超过了700米，堪称

图 3-4 "玉兔二号"月球车

完成了月球上的"马拉松"。

"东方红一号"的成功，为走向火星迈出了开创性的第一步；"嫦娥一号"的地月之旅，为能够到达火星奠定了最重要的技术基础；"玉兔号"与"玉兔二号"在月球上的成功巡视，为在火星上开展丰富而又扎实的工作提供了宝贵的经验。

"日月逝矣，岁不我与"，中国无须继续等待迈向深空的时机。火星探测，正是摆在中国航天人面前的首要课题。

早在 2010 年 8 月，就有 8 位院士联名向国家倡议，应该开展比月球更远的深空探测任务。国家立即组织专家组和有关部门开展了发展规划与实施方案论证，多位院士、专家团队与众多相关工作人员积极参与、热烈讨论，对实施方案进行了三轮迭代和深化，最终于 2016 年 1 月正式立项实施。

而深空探测的第一项任务，就是"天问一号"火星探测任务。

其实，在"天问一号"之前，甚至在讨论深空探测任务之前，中国就与俄罗斯开展了火星探测的合作。早在 2009 年，中国就已经设计制造了火星探测器"萤火一号"，计划在 2011 年搭载在俄罗斯的"福布斯—土壤号"火星探测器中，由俄罗斯的火箭发射升空。

但不幸的是，俄方探测器未能成功变轨，以至于根本没有脱离地球的怀抱，所以它所携带的中国的第一颗火星探测器"萤火一号"也化为泡影，相关科研人员的努力与汗水也付诸东流。

随着中国深空测控网的进一步完善和"长征五号"大型运载火

箭技术的成熟，终于在 2020 年 7 月 23 日，"天问一号"火星探测器由"长征五号"遥四运载火箭，在海南文昌航天发射场发射升空，成功进入了预定轨道。

2021 年 2 月 10 日，"天问一号"成功被火星捕获，进入了环火轨道。5 月 15 日，"天问一号"着陆器携带着"祝融号"火星车成功着陆在火星的乌托邦平原，中国成为第二个成功着陆火星的国家。5 月 22 日，"祝融号"安全驶离着陆平台，到达火星表面，开始巡视探测。6 月 11 日，国家航天局公布了由"祝融号"拍摄的首批科学影像图，标志着中国首次火星探测任务取得圆满成功。

图 3-5 "天问一号"发射

"不鸣则已，一鸣惊人"，尽管中国首次火星探测任务起步较晚，但是起点高，跨越大，工作扎实。从立项之初就明确提出了通过"天问一号"任务，一次性完成"绕"——环绕火星探测，"落"——在火星表面实现软着陆，"巡"——释放火星车，在火星表面进行巡视探测这三大任务。这也是全世界火星探测史上首次通过一次发射实现三大任务。

　　"天问一号"的成功发射，背后存在着许许多多的困难与挑战。比如，想要到达火星，"天问一号"必须要达到乃至超过第二宇宙速度；而且火星与地球之间距离遥远，如何在 4 亿千米的距离之外，保证"天问一号"万无一失，也是一项艰巨的任务。

"天问一号"的任务，能够帮助我们探索火星的环境与物质组成，研究火星的内部结构和演化历史，甚至有可能找寻到地外生命的痕迹。"天问一号"的成功能够使我国跻身全球深空探测领先者的行列。航天科技是科技进步和创新的重要领域，航天科技成就是国家科技水平和科技能力的重要标志。"天问一号"任务的顺利开展，同时推动我国在行星探测、空间科学、空间技术等方面的发展，无疑为我国科学技术的长足进步打下了坚实基础。

"雄关漫道真如铁，而今迈步从头越"，"天问一号"只是"天问"系列任务的开始，火星也只是中国人迈向太空的中间一站。就像"天问"

图 3-6 印在火箭上的中国行星探测标志

工程的标志——"揽星九天"显示的那样，火星探测只是中国行星探测，或者说深空探测的第一步。未来中国还将探索太阳系内其他的行星和小行星。

我们的征途是星辰大海。或许在遥远的未来，我们真的可以代表人类走出太阳系，真正地回答屈原在《天问》中的疑问："日月安属，列星安陈？"

"天问一号"命名

2016 年 8 月，我国首次火星探测任务立项之后，其名称和图形标识的全球征集活动就启动了。最后一共收到工程名称 35912 个，工程图形标识 7439 个。经专家评审筛选，分别产生工程名称和图形标识前 8 名，之后又在网络上开展了为期两个多月的公众线上投票。这 8 个工程候选名称分别为"天问""凤凰""追梦""朱雀""凤翔""腾龙""麒麟""火星"。经过网络投票，"天问"排名第一，得票 31.7 万余张。

火星探测的图形标识同样通过征集和网络投票，同时组织了专业设计团队和知名专家进行优化设计。标识呈"揽星九天"图形，太阳系八大行星依次排开，表达了宇宙的五彩缤纷，呈现了科学发现的丰富多彩。开放的椭圆轨道整体倾斜向上，展示了字母"C"的形象，代表了中国行星探测（China），体现着国际合作精神（Cooperation），标志着深空探测进入太空能力等多重含义，展现出中国航天开放合作的理念。

此次标识设计以行星探测重大工程作为一个整体概念，统一命名并设计标识。这一次"天问一号"承担着火星探测任务，所以标识下方是火星英文名称"Mars"，根据不同行星探测任务，标识下方会采用不同的英文名称进行替代。

② "长征五号"运载火箭与"天问一号"探测器

在回顾了中国的深空探测与"天问"任务的历史之后，让我们再次聚焦"天问一号"火星探测任务，认识下这个团队的成员们。

"长征五号"运载火箭

首先是团队里的大力士，将"天问一号"探测器送入太空的大型运载火箭——"长征五号"。

"长征五号"运载火箭是我国新一代大推力液体运载火箭，采用"两级半"构型。"两级"指的是火箭最下面的芯一级，以及上面的芯二级；"半"指的是与芯一级捆绑的助推器。"长征五号"运载火箭全长近 57 米，相当于 20 层楼那么高；它的芯级直径为 5 米，在芯一级又捆绑了四个直径 3.35 米的助推器。因为体形比其他长征火箭更加宽大，"长征五号"运载火箭也被亲切地称呼为"胖五"火箭。

"长征五号"系列火箭的芯级和助推器全部采用液氢、液氧、煤油等无毒无污染推进剂，是一枚"绿色"的火箭。而且因为液氢和液氧需要在超低温的条件下（液氧的温度达 -183℃，液氢的温度可达 -253℃）注入火箭，所以"长征五号"还有另一个昵称——

"冰箭"。

"长征五号"不但身强力壮，还非常"爱美"。与其他型号火箭比起来，"长征五号"的"底妆"更白、更均匀。火箭设计师考虑到火箭的发射场——海南文昌地区高温高湿的气候特点，为其使用了一种特制的"三防"漆，在保证防潮、防霉菌、防盐雾的同时，与贮箱外表面的颜色保持一致，避免"肤色不均"。

不过我们的"长征五号"可不是个花架子，它不仅仅有壮硕的体形和美丽的外表，它的能力更是举世瞩目。"长征五号"的起飞重量约 870 吨，起飞推力超过 1000 吨，地球同步转移轨道（GTO）运载能力可达 14 吨，是目前我国运载能力最大的火箭。

"长征五号"在 2016 年 11 月 3 日首飞成功，不过其实早在 20 世纪 80 年代，也就是我们第一代运载火箭的形成和发展阶段，中国科学家们就已经开始酝酿和规划中国的新一代运载火箭，其中就有"长征五号"。

从 1986 年开始，在国家的支持下，中国科学家先后开展了长达 20 年的新一代运载火箭方案论证工作，先后完成了新一代运载火箭论证、液氧 / 煤油与氢氧两种大推力火箭发动机关键技术研究、新一代运载火箭技术发展途径和总体初步方案研究、型号预先研究工作及工程研制立项准备、预发展阶段关键技术研究等一系列论证研究工作。

图3-7 "长征五号"运载火箭

配套的两型主动力发动机，即 120 吨级液氧 / 煤油发动机
和 50 吨级氢氧发动机，分别于 2000 年和 2001 年立项，开始
了工程研制工作。

2006 年，"长征五号"运载火箭率先由国家立项，成为新
一代运载火箭中第一个立项研制的型号。

"长征五号"按照系列化、组合化、模块化思想设计，采用
5 米直径箭体结构、无毒无污染的液氧 / 煤油和液氢 / 液氧推进

图 3-8 "长征五号"夜晚发射

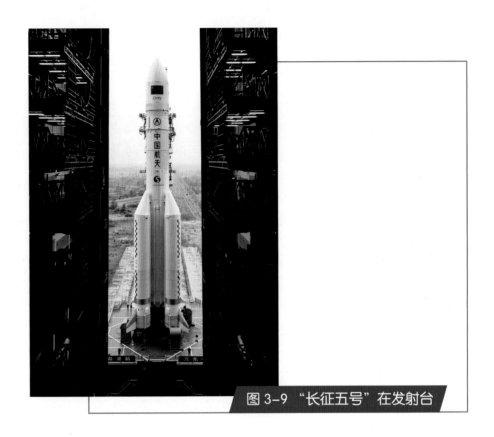

图 3-9 "长征五号"在发射台

系统，以及全新的高可靠电气系统。

从 2006 年国家正式批准立项研制，至 2016 年首秀，"长征五号"可谓十年磨一"箭"。据不完全统计，这十年中，有上万航天人参与了"长征五号"的研制，进行的各类试验也不下千次。

"天问一号"的发射，是"长征五号"系列火箭的第五次发射，但是这次发射，却创下了多个中国航天史上的"第一"。

这是"长征五号"第一次应用性发射。虽然在"天问一号"升空之前，我们已经成功发射过"长征五号"以及它的孪生兄弟——"长征五号 B"，不过之前的任务都属于试验性质，主要任务在于考核火箭总体及各分系统设计方案的正确性和协调性，验证火箭技术状态和可靠性。随着 2019 年 12 月 28 日"长征五号"遥三火箭和 2020 年 5 月 5 日"长征五号 B"遥一火箭连续发射成功，这意味着"长征五号"火箭关键技术瓶颈已经完全攻克，火箭各系统的正确性、协调性得到了充分验证，火箭可靠性水平进一步提升。所以"长征五号"携带"天问一号"的成功发射，标志着"长征五号"运载火箭正式开始"服役"。

这是我国火箭飞出的最快速度。此次发射"天问一号"，是"长征五号"火箭乃至我国运载火箭第一次达到并超过第二宇宙速度，飞出了我国运载火箭的最快速度。

这开创了我国深空探测器质量的新纪录。此次发射的"天问一号"火星探测器质量接近 5 吨，比"嫦娥四号"月球探测器重了 1 吨多，是目前我国发射的质量最大的深空探测器。在世界范围内，达到这一质量的火星探测器也是屈指可数。

"长征五号"有个孪生兄弟，那就是"长征五号 B"运载火箭，也被称为"长征五号乙"运载火箭。它是我国首个一级半构型的大型运载火箭。"长征五号 B"是专门为我们的空间站——"天宫"空间站设计研制的。为了容纳体积庞大的空间站舱段，"长征五号 B"的整流罩长度达到了 20.5 米，直径 5.2 米。目前，"长征五号 B"的两次发射都取得了圆满成功：2020 年 5 月 5 日，它携带我国新一代载人飞船试验船发射成功；2021 年 4 月 29 日，又将"天宫"空间站的核心舱——"天和号"核心舱送入预定轨道。

"天问一号"探测器

为了克服地球的强大引力、奔向火星，"天问一号"探测器总重量不能超过 5000 公斤，但为了到达遥远的火星，它又至少需要携带 2500 公斤的推进剂，所以"天问一号"真正可以工作的载荷只有 2500 公斤。

仅仅 2500 公斤，相当于一辆比较大的 SUV 车的重量，却需要完成环绕器、着陆器和巡视器（也就是火星车）的组合设计。航天工作人员在材料上刻苦钻研，

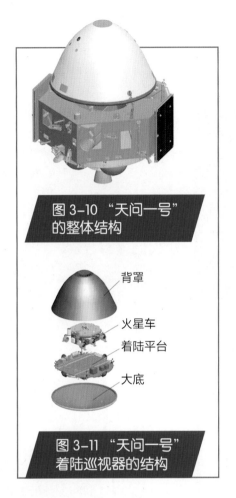

图 3-10 "天问一号"的整体结构

背罩
火星车
着陆平台
大底

图 3-11 "天问一号"着陆巡视器的结构

终于使得"天问一号"在苛刻限重的条件下实现高效承载。

"天问一号"火星探测器由环绕器和着陆巡视器组成。下半部分是火星的环绕器，即环绕火星进行观测的部分，重 1200 公斤。上半部分，被流线型整流罩盖住的是着陆巡视器，即"天问一号"在火星表面工作的部分，重 1300 公斤。

环绕器配置包括中分辨率相机、高分辨率相机、次表层探测雷达、火星矿物光谱探测仪、火星磁强计、火星离子与中性粒子分析仪、火星能量粒子分析仪共 7 个科学载荷，对火星开展全球性、普查性

图 3-12，图 3-13
"天问一号"装配

探测。环绕器不仅仅是一辆星际"专车"，而且是一座功能强大的通信"中继站"，为火星表面巡视器与地球搭建通信桥梁。

着陆巡视器由进入舱和火星车（也就是巡视器）组成。进入舱完成火星进入、下降、着陆任务，火星车在进入舱成功着陆后，完成火星着陆区巡视探测任务。火星车配置了多光谱相机、次表层探测雷达、火星表面成分探测仪、火星表面磁场探测仪、火星气象测量仪、地形相机共 6 个科学载荷，能够在火星表面进行详细丰富的科学研究工作。

在"天问一号"着陆过程中，环绕器会与着陆巡视器分离，然后环绕器会进入任务使命轨道，开展对火星的全球环绕探测，同时为着陆巡视器开展中继通信。接着，着陆巡视器进入火星大气后，通过气动外形减速、降落伞减速、反推发动机动力减速、多级减速、着陆反冲后，软着陆在火星表面，进行火星表面的研究工作。

而在"天问一号"准确找到并且导航至火星的过程中，"天问一号"上配置的光学导航敏感器发挥了至关重要的作用。光学导航敏感器可以利用拍摄的恒星与火星图像，精确计算出自身的飞行姿态、位置与速度，实现相对火星的自主导航。这也意味着中国成为世界上第二个掌握并在轨验证了火星光学自主导航技术的国家。

在实际的工作过程中，"天问一号"还是会面临许多困难。

首先，火星探测器距离地球遥远，最近约 5 千万千米，最远甚至能达到 4 亿千米。

其次，地球、火星、探测器一直是相对运动的，地表测控通信难以全空间覆盖。

尤其是在环火探测中，"天问一号"会经历2次日凌①，通信中断最长达到30天；而且测控信号传输时延大，最短超过3分钟，最长达23分钟。特别是执行近火捕获、两器分离等决定任务成败，且只有一次机会的轨道控制时，探测器距离地球约3亿千米，信号时延15分钟以上，由地面进行实时测控干预的条件已不存在，探测器必须自主执行预先注入的指令，并自行判断指令执行的效果。

一旦"天问一号"发现自己存在问题，必须在极短时间内根据自测量信息，进行自诊断，并完成故障的自恢复，这对探测器自主导航、管理与控制的能力提出了更高的要求和更艰巨的挑战。

为此，航天工作人员开展了火星安全捕获制动控制，对两器分离与安全升轨控制、长期自主管理和控制策略与方法等专题展开研究和验证，提升探测器的自主能力。在一系列技术攻关后，设计出了一套深空探测长时间无上行指令自主管理机制，并且实现了整器断电再恢复功能等，让"天问一号"在必要时

---

① "天问一号"遭遇的日凌现象，是指火星、地球将会运行到太阳的两侧，三者几乎处于一条直线。这时候，太阳以其拥有 1.392×10^6 千米直径巨大身躯阻挡在火星与地球中间，阻挡和干扰了地球与火星的通信往来。地球和火星处在一种互不可见的状态。

能"自己照顾好自己"，实现了它在轨自主运行大于60天的能力。

在整个研究任务中，环绕探测主要开展火星全球性、整体性和综合性的详查探测；巡视探测专注于火星表面重点地区的高精度、高分辨率的精细探测和就位分析。

环绕探测的主要任务为：火星大气电离层分析及行星际环境探测；火星表面和地下水冰的探测；火星土壤类型的分布和结构探测；火星地形地貌特征及其变化探测；火星表面物质成分的调查和分析。

巡视探测的主要任务为：火星巡视区形貌和地质构造探测；火星巡视区土壤结构（剖面）探测和水冰探查；火星巡视区表面元素、矿物和岩石类型探测；火星巡视区大气物理特征与表面环境探测。

而上述任务的整体目标，是围绕火星是否存在过生命或具备生命存在的环境、火星演化和太阳系的起源与演化两大科学问题而开展的。

图3-14 "天问一号"巡视示意图

揭秘"天问一号"火星之旅

"天问一号"是如何飞到火星，又是如何在火星上降落的呢？

我们将通过飞出地球、地火转移、着陆火星这三个过程，从简单的原理出发，来探寻"天问一号"飞行的秘密。

飞出地球

弓箭是古代人类通用的重要武器。在射箭的时候，无论这一支箭射得多么高或者多么远，它总是要落回地面。除了弓箭，其他的武器，包括标枪、投石车等，也都利用了飞出去的物体会落回地面这一原理。

同时，古人也注意到，身为生活在陆地上的人类，我们就像弓箭一样，不管怎么努力，都没有办法真正离开地表。因此，像鸟儿一样在天空自由自在地飞翔，成为全人类共同的梦想。为了实现这一"飞天梦"，古今中外，有许许多多的人做出了各种各样的努力。

直到 1697 年，在《自然哲学的数学原理》一书中，牛顿首次提出了"万有引力定律"，为人类实现飞天梦提供了坚实

图 3-15 牛顿画像

揭秘『天问一号』火星之旅

的理论基础。

万有引力定律解释了物体最终会落回地面的原因，那就是物体受到地心引力的作用，会朝着地心运动，直到接触地面时，地面给了物体一个与地心引力方向相反的支撑力，让物体停在这个位置。

那么只要给物体一个大于地心引力的反方向力，物体就能离开地表。

火箭就是根据这个原理设计的。火箭发动机通过燃料的燃烧，从底部高速喷出气体，喷出的气体就能给火箭一个向上的升力，让火箭克服地心引力，向天空飞行。

但是火箭的燃料总有燃烧尽的一刻，当这一刻到来的时候，又该如何保证通过火箭发射的卫星不落回地表呢？

图 3-16 "长征五号"点火升空

万有引力告诉我们，任何两个物体之间都会产生引力。既然太阳的质量这么大，那么太阳对地球的引力也是非常可观的。地球又不像火箭那样具有发动机，能够产生可以克服太阳引力的力，那么地球为什么没有落到太阳上面呢？

这一秘密就藏在地球的运动之中。

现在我们都知道，从简化的角度看，地球在绕着太阳做匀速圆周运动。而地球所受到的太阳的引力，就充当了这个圆周运动的向心力，不停改变着地球的速度方向，但是不会改变地球的速度大小，也就是不会改变地球的速率，所以地球才可以一直围绕太阳转动，并且不会落在太阳上。

如果想让火箭或者卫星在发射之后不再落回地面，那么只需要让它们与地球一样，能够以一定的速率进行匀速圆周运动就可以了。这个时候，

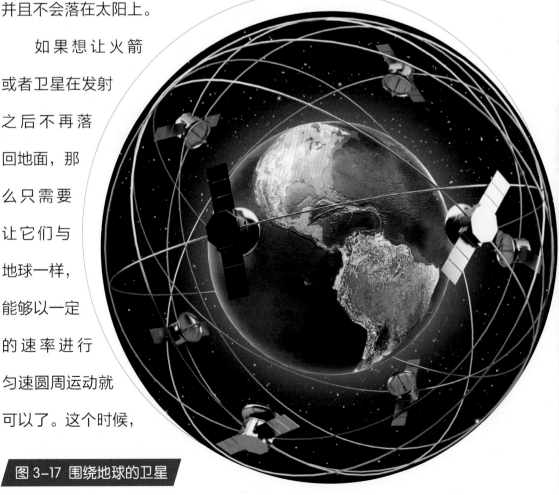

图 3-17 围绕地球的卫星

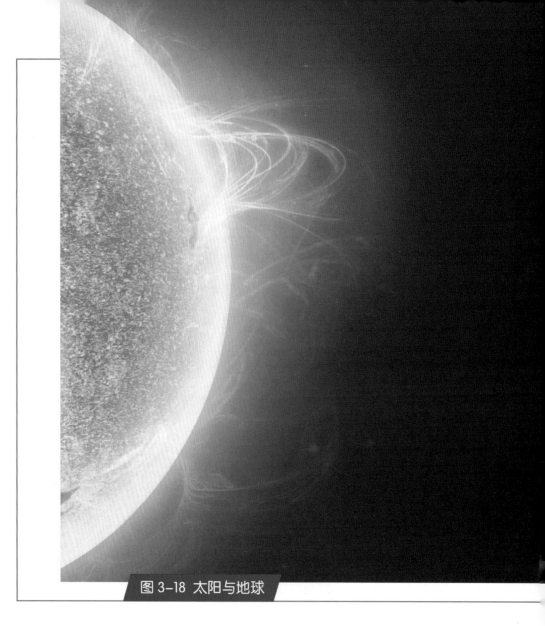

图 3-18 太阳与地球

即使火箭的燃料被耗光，它们只能受重力的作用，但是因为重力正好充当了向心力，所以它们也不会再落回地表。

为了让地心引力能够充当向心力，圆周运动的速率该有多大呢？

经过计算，能够刚刚离开地表，然后绕着地球做匀速圆周运动，并且不落地的这个速率为 7.9 千米每秒。

这个速率有一个更加响亮的名字，那就是第一宇宙速度，

又被称为环绕速度，是指在地球上发射的物体绕地球飞行做圆周运动所需的最小初始速度。

由于地球表面存在稠密的大气层，火箭或者卫星不可能贴近地球表面做圆周运动，必须在 150 千米的飞行高度上才能做圆周运动。在此高度的环绕速度为 7.8 千米每秒。

而"天问一号"想要飞到火星，光是第一宇宙速度还不足以让它脱离地球的怀抱。

那么这个时候需要多大速率，才能让它从地球飞向火星呢？

其实这个时候，我们需要思考的，是与得到第一宇宙速度相同的问题，那就是当速率达到多大的时候，就算是火箭的燃料消耗尽，这个物体依旧能够到达我们想让它到达的任意位置。

既然提到任意位置，那么最极端的情况就是无限远的地方。而当一个物体可以达到无限远的地方，经过计算，它离开地球的速率要达到 11.2 千米每秒。这正是第二宇宙速度，也被称为地球的"脱离速度"或者"逃逸速度"，是指在地球上发射的物体摆脱地球引力束缚，飞离地球所需的最小初始速度。

然而，地球表面有稠密的大气层，探测器飞行有阻力，并且难以达到这样大的初始速度。实际上，探测器是先离开大气层，再加速完成脱离的（例如先抵达近地轨道，再在该轨道加速）。

地火转移

想让"天问一号"从地球飞向火星，首先要让它达到第二宇宙速度。但这仅仅是火星之旅的开始，想要飞临火星，并不是那么简单的事情。

2020 年 7 月中旬到下旬，全世界的火星探测器都是扎堆发射的。

拉开序幕的是阿联酋航天局。2020 年 7 月 20 日，阿联酋航天局的"希望号"火星探测器在日本鹿儿岛县种子岛太空中心发射升空。

中国的"天问一号"也于 2020 年 7 月 23 日在海南文昌航天发射场发射升空。而大洋彼岸的美国航天局的火星车"毅力号"在 7 月 30 日发射升空。

图 3-19 "希望号"发射

这个时间段就被称为"火星发射窗口",选择它实际上与地球和火星的相对位置有关。

无论是地球还是火星,它们都不是固定不动的天体,而是按照各自的轨道在围绕太阳进行公转。而且它们公转的速度并不一样,地球比火星转得更快。

我们可以把"天问一号"比作在旋转木马里做游戏的小朋友。它从地球到火星的过程,就像是从内圈一个比较快的木马跳到外圈

图 3-20 发射"毅力号"的火箭整流罩　　图 3-21 "毅力号"火星车

一个比较慢的木马的过程。不过考虑到地球与火星那惊人的公转速度，或许将地球和火星比作两辆飞速行驶的高铁列车更加准确一些。

因此，总结来说，就是地球与火星之间的相对位置是在随时变化的，而"天问一号"就是在这种情况下发射，需要按照一个动态的路径进行飞行。

那么这就带来一个问题，什么时候发射火星探测器更为适合呢？如果发射时机选得不好，地球与火星正好处在一个最远的距离，那探测器飞向火星的时间、难度还有需要消耗的燃料都将大大增加。

图 3-22 "毅力号"发射

反过来，当地球与火星快要最接近，而火星探测器发射后又正好能走完最短路程的时候，就是最适合发射火星探测器的时机，也就是上面说到的"火星发射窗口"。

火星发射窗口并不是每年都有，而是每 26 个月才有一次。

每隔 26 个月，火星和地球、太阳就会处于一条直线上，也就是相当于地球给火星"套了个圈"，两个天体在环绕太阳的跑道上齐头并进了。

这个时刻，地球和火星的相对距离是最近的。这种现象被称为"火星冲日"。因为此时的火星和太阳分别位于地球的两边，太阳刚一落山，火星就从东方升起，而等到太阳从东方升起时，火星才在西方落下。

在将要火星冲日时实施探测，不但飞行距离短，而且还能最大程度上节省燃料，意味着可以使用较小花费将探测器送往火星，因此人类的火星探测活动通常也会每隔 26 个月出现一次高潮。

不过 2020 年的冲日时刻是在 10 月份，那么为什么火星发射窗口反而在 7 月份呢？

地球和火星都在一直运动。探测器从地球上起飞，获得了地球的公转速度，而地球的公转速度本身就比火星的公转速度快，再加上探测器本身的速度，肯定就要比火星快得多。

如果在冲日时刻发射，那么探测器就会越跑越远，无法到达火星。所以探测器在发射的时候，应该是地球在火星后面，位于一个特定的位置，然后去"追"火星，这样就能正好追上火星，完成围绕火星，甚至着陆火星的任务。

以"天问一号"为例，2020 年 7 月 23 日成功发射升空之后，经过漫长的星际之旅，直到次年的 2 月 10 日才飞抵火星，进入环火轨道。实际上，当地球和火星会合时，火星探测器仍在"赶路"中。而"天问一号"在实际的飞行过程中，是按照"霍曼转移轨道"进行运动的。

首先，"天问一号"在发射进入太空之初，速率并没有很大，当时的轨道还是围绕着地球的轨道。

接下来，"天问一号"会进行第一次加速，进入霍曼转移轨道，飞离地球。

最后，"天问一号"会进行第二次加速，切出转移轨道，赶上火星。这个时候，"天问一号"就能彻底地摆脱太阳引力的束缚，被火星捕获，成为能够在火星工作的卫星。

在霍曼转移轨道上运行，只需要两次引擎推进，这能相对地节省燃料，并且也会减少操作次数，避免更多问题的产生，保证太空探索任务的成功率。

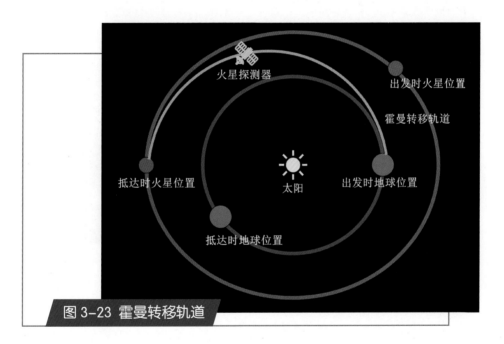

图 3-23 霍曼转移轨道

着陆火星

在经历了地火转移之后，"天问一号"已经成功地靠近了火星。但是这个时候我们注意到了一个问题，"天问一号"经历了两次加速过程，它现在肯定具有一个很大的速度，那岂不是会与火星打个照面，然后又飞走了？

所以"天问一号"在接近火星之后，首先要进行降速，以被火星的引力所捕获。

这个时候，我们就可以把"天问一号"看成是火星的一颗卫星了。

进行多次制动，也就是"刹车"之后，"天问一号"的轨道会越降越低，离火星也就会越来越近。这个过程就是"绕"这一步骤，会对火星进行观察工作。

图 3-24 "天问一号"飞向火星

那么接下来，就是激动人心的"落"这一过程，也就是着陆火星的过程。

"天问一号"着陆火星，类似于"神舟"飞船返回地球和"嫦娥五号"着陆月球的结合体。

首先，与地球相似，与月球不同，火星周围是有大气层的。尽管火星的大气层比较稀薄，还是会与探测器摩擦产生特别多的热量，并且会产生气动阻力，影响探测器的姿态。所以"天问一号"需要考虑这个问题。

其次，"天问一号"无法通过手动操作降落火星，必须通过全自动的着陆程序进行工作，所以着陆程序是否可靠，将直接影响火星车和着陆器会不会受到特别大的冲击，能不能正常工作，最终决定整个火星探测任务的成功与否。

图 3-25 "天问一号"着陆模拟图

所以，为了保证火星着陆器以及火星车能安全、平稳地在火星上着陆，然后进行工作，科学家为"天问一号"的着陆过程设计了四个关键步骤：

第一步，气动外形减速。使其在进入火星稀薄的大气时，能产生足够大的阻力，并且还不会翻车、乱撞、倒向飞行。

第二步，降落伞减速。着陆巡视器配备了一个全自动的降落伞，在减速到一定程度时，它会自动打开。

第三步，动力减速。着陆巡视器携带的发动机会在合适的时机在运动的反方向启动，对自己产生反推力，从而达到减速的目的。

第四步，当运行到距离火星表面100米左右时，着陆巡视器的速度要减到相对为零，进入悬停状态，利用探测器所携带的相关仪器设备，对下方的着陆区进行选择，尽量寻找一个相对安全的地方着陆。

到了距离火星表面一两米的时候，着陆巡视器会启动一个着陆反冲装置，俗称"着陆腿"，靠它来减小其在着陆时产生的震动力。

就是这样，"天问一号"从中国出发，飞抵遥远的火星，开启科学探测之旅。

附

2021年4月24日，在中国航天日启动仪式上，揭晓了中国首辆火星车的名称。经全球征名、专家评审、网络投票等层层遴选，最终命名为"祝融号"。祝融在中国传统文化中是火神。首辆火星车命名为"祝融"，寓意点燃中国星际探测的火种，指引人类对浩瀚星空、宇宙未知的探索。

"祝融号"火星车有着大眼睛（相机）、长脖子、大翅膀（太阳能板）、小轮子、翘尾巴（雷达），肚子里载有许许多多的探测仪器。肚子底下，左右各有3个小轮子，1小时可以跑200米远，可以算是巡视器中的短跑健将了！

"祝融号"高 1.85 米，整体大小和一张桌子近似，但是它有 240 公斤重！足足有 3 到 5 个成年人那么重。想要听到"祝融号"说什么，可不是件容易的事，短短的一句话，要越过茫茫宇宙到达地球，直至被接收，只能通过无线电传播，这一过程需要 15 到 20 分钟。

"祝融号"火星车的设计寿命大概是 90 个火星日，换算成地球日就是 92 天，也就是 3 个月左右。不过，大量经验表明，火星车的实际使用寿命往往长于设计寿命。

为了实现 90 个火星日的实验探测周期，"祝融号"采用了火星光谱匹配、防尘的太阳电池，针对火星大气进行了隔热设计，还有直接利用太阳能的供热集热器。不仅如此，"祝融号"的太阳能板表面有一层微结构膜，微观结构与莲叶表面的结构类似，能够让火星沙尘与太阳能电池板表面之间存在一层空气，可以极大地减小火星尘埃与电池板表面的摩擦力，大大减小火星沙尘附着的可能性。"祝融号"还能自己清洁太阳能板：把太阳能板竖起来，上面的沙尘便能自由滑落。

"祝融号"的车身上还有两块圆形的薄膜，这是相变保温材料。在白天，保温材料液化吸收热量，在夜间则固化释放热量。这样使"祝融号"能够在剧烈变化的外界环境温度下，仍然能够保持"体温"的恒定，让自身携带的各个组件能够更稳定长久地工作。

待到"祝融号"完成 90 个火星日探测之后，"天问一号"还会再次降低轨道，进入一个近火点 265 千米、远火点 12000 千米的"科学探测轨道"，对火星表面进行至少 1 个火星年（约 2 个地球年）的近距离全球探测，同时也可以兼顾火星车的通信中继。

2021 年 5 月 15 日，"祝融号"火星车及其着陆组合体成功着陆于火星乌托邦平原南部预选着陆区。同时，火星车的微博账号发布了第一条微博：

火星到站！

地球的朋友们，大家好：

我是"祝融号"火星车，今天，我搭乘着"着陆器"一同抵达了火星表面，着陆地点位于火星北半球乌托邦平原南部预选区。这一刻，让大家久等了！

今天凌晨 1 时许，"天问一号"探测器在停泊轨道实施降轨，机动至火星进入轨道。4 时许，着陆巡视器与环绕器分离，历经约 3 小时飞行后，进入火星大气，经过约 9 分钟的减速、悬停避障和缓冲，于今天上午 7 时 18 分成功软着陆于预选着陆区。两器分离约 30 分钟后，环绕器进行升轨，返回停泊轨道，为着陆巡视器提供中继通信。

目前全世界已进行的 21 次火星着陆任务中只有 9 次成功，难度系数极高！安全着陆火星，除了要选择地形平坦的着陆区，还要选择合适的天气状况，避免被火星的巨大沙尘暴所干扰。在经过三个多月的绕火飞行后，我终于找到了最佳着陆点。地质学家说，我的软着陆区很可能是一个古海洋所在地，有很高的科学价值，很可能会取得意想不到的科学成果。但是，怎样尽可能降低火星沙尘暴的影响呢？当然是惹不起，躲得起呀！根据过去的火星气象数据来看，火星沙尘活动集中在下半年，北半球在春夏期间最为宁静，选择在五月中旬着陆，对我来说也最为稳妥！

目前，我还在着陆巡视器内，带着地形相机和多光谱相机、次表层探测雷达、磁场探测仪等6台科学载荷，经过短暂调整后，出仓并开展巡视探测。期待全方位了解火星，并且回传珍贵的数据和照片给大家哦！

爱你们的，祝融号！

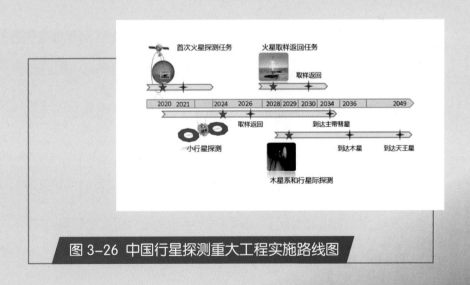

图3-26 中国行星探测重大工程实施路线图

4 火星巡视大事记

2021 年 5 月 17 日 8 时，"天问一号"环绕器已实施第四次近火制动，顺利进入周期为 8.2 小时的中继通信轨道。"祝融号"火星车正在按计划开展周围环境感知和状态检查，各系统工作正常。两器已建立器间通信链路，第一次通过环绕器传回火星车遥测数据。

2021 年 5 月 19 日，国家航天局发布火星探测"天问一号"任务探测器着陆过程两器分离和着陆后火星车拍摄的影像。图像中，"祝融号"火星车驶离坡道，太阳翼、天线等机构展开正常到位。

2021 年 5 月 22 日 10 时 40 分，"祝融号"火星车已安全驶离着陆平台，到达火星表面，开始巡视探测。火星车携带的前避障相机 a/b、后避障相机 a/b，拍摄了驶离着陆平台过程影像。

2021 年 6 月 1 日，WIFI 分离相机拍摄着陆平台与"祝融号"火星车的合影，相机记录了"祝融号"后退移动和原地转弯过程，这是人类首次获取火星车在火星表面的移动过程影像。

2021 年 6 月 6 日，"祝融号"火星车在火星表面已工作

23 个火星日，开展环境感知、火面移动、科学探测，所有科学载荷设备均已开机工作，获取科学数据。环绕器运行在周期为 8.2 小时的中继轨道，为火星车科学探测提供中继通信。

2021 年 6 月 11 日，国家航天局举行"天问一号"探测器着陆火星首批科学影像图揭幕仪式，公布了由"祝融号"火星车拍摄的着陆点全景、火星地形地貌、"中国印迹"和"着巡合影"等影像图。6 月 23 日，"着巡合影"名字确定为"星火燎原"。

2021 年 6 月 16 日，"祝融号"火星车开展了全局环境感知，为后续阶段科学探测进行路径规划，并通过后避障相机，拍摄了行驶时留下的清晰车辙。

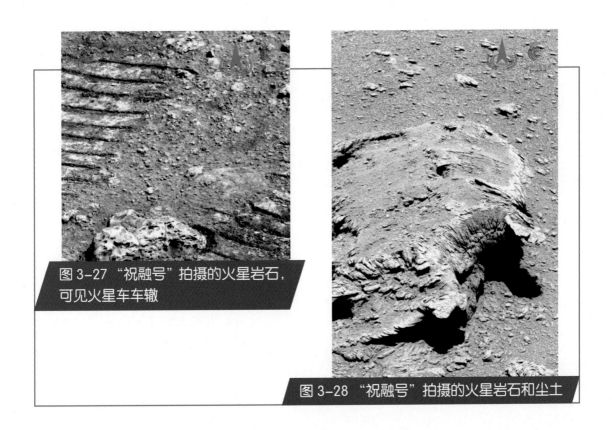

图 3-27 "祝融号"拍摄的火星岩石，可见火星车车辙

图 3-28 "祝融号"拍摄的火星岩石和尘土

2021 年 6 月 26 日（第 42 个火星日），火星车到达一处沙丘地带，利用导航地形相机拍摄了红色沙丘高分辨率影像，拍摄点距离沙丘约 6 米，周围分布有不同大小的石块，其中正对着火星车的石块宽约 0.34 米。

2021 年 6 月 27 日，国家航天局发布我国"天问一号"火星探测任务着陆和巡视探测系列实拍影像，包括着陆巡视器开伞和下降过程、"祝融号"火星车驶离着陆平台声音及火星

表面移动过程视频，火星全局环境感知图像、火星车车辙图像等。

2021 年 7 月 4 日（第 50 个火星日），火星车行驶至沙丘南侧，对周围地形地貌感知成像。沙丘长约 40 米，宽约 8 米，高约 0.6 米。左侧为一簇形状各异的石块，右上角可见背罩和降落伞，成像时火星车与着陆点直线距离约 210 米，距离背罩和降落伞约 130 米。

2021 年 8 月 23 日，"祝融号"火星车平安在火星度过 100

图 3-29 火星沙丘

天，更是行驶里程突破 1000 米的关键一天。

来自国家航天局消息，截至 2021 年 8 月 30 日，"祝融号"火星车已累计行驶 1064 米，工况正常。

同时，正在为"祝融号"火星车提供中继通信服务的"天问一号"环绕器在轨运行 403 天，地火距离约 3.92 亿千米，工况正常。火星车驶上火星表面以来，向南行驶开展巡视探测，导航地形相机每日对沿途地貌进行成像，行进中次表层雷达、气象测量仪、表面磁场探测仪开机探测，途中遇到岩石、沙丘等特

图 3-31 "祝融号"拍摄的火星石块

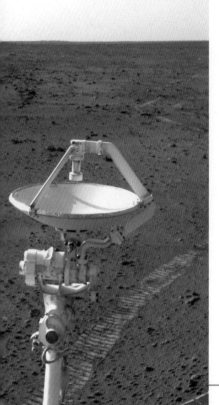

图 3-30 "祝融号"拍摄的降落伞与背罩图像

殊地貌时，利用表面成分探测仪、多光谱相机等开展定点探测。

在"祝融号"火星车行驶、探测的过程中，"天问一号"环绕器也在环绕火星飞行，并为"祝融号"火星车提供中继通信服务。因为火星车的通信能力是比较弱的，没法儿与地球实现高效通信，需要依靠环绕火星飞行的轨道器来实现通信，火星车先将数据传给轨道器，轨道器再传回地球。

相信"祝融号"能够给我们带来更多关于这颗红色星球未解之谜的答案，让我们拭目以待吧！

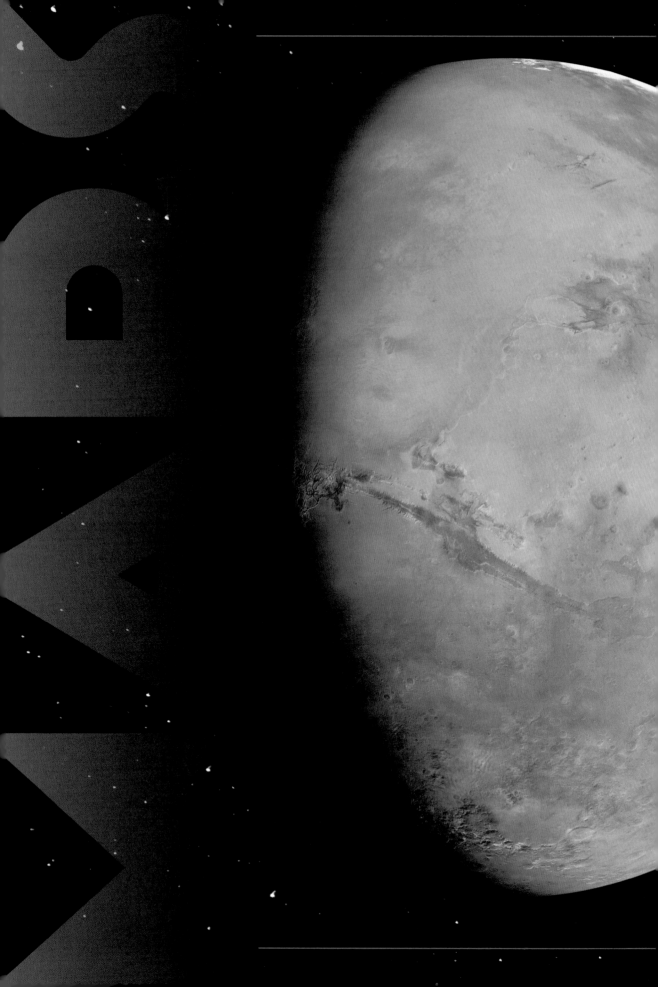

星河满目，岁月无悔——

『天河一号』

和中国航天人

第四章

世上无难事，只要肯登攀

中国航天，诞生于一穷二白的年代。

1949 年 10 月 1 日，毛泽东主席在天安门城楼上庄严宣告了中华人民共和国的成立，标志着中国人民脱离了帝国主义、封建主义、官僚资本主义三座大山的压迫，真正地当家做主，成为国家的主人。但是物质基础和生活生产条件却不是一朝一夕就能改变的。那时的中国，依旧是贫穷且落后的国家。

于是，党和政府在中华人民共和国成立伊始，立即着手恢复和发展各种产业。1956 年 10 月 8 日，新中国经历七年飞速发展，积累了一定的科技、工业和人才基础后，国防部第五研究院成立，标志着中国航天事业的正式创建。

与此同时，以钱学森和郭永怀为代表的年轻学者，受到中华人民共和国成立的感召，带着在西方学习到的先进知识技术，在仁人志士的帮助下回到中国，为中国刚刚起步的航天事业助力。

"东方红一号"是中国第一颗人造卫星，为了能够将它万无一失地送上太空，需要计算大量的数据。但在当时，全国只有寥寥几台电子计算机，不仅如此，就连手摇计算机也并不充裕。为了充分利用手摇计算机，年轻的工作人员在计算室内一天三班倒，连续几个月哔哔哔地算，甚至有时候还要用上算盘。为了保证计算的准确性，必须要两个人对着算。所以，光是算出一条轨道，都得花上一年。

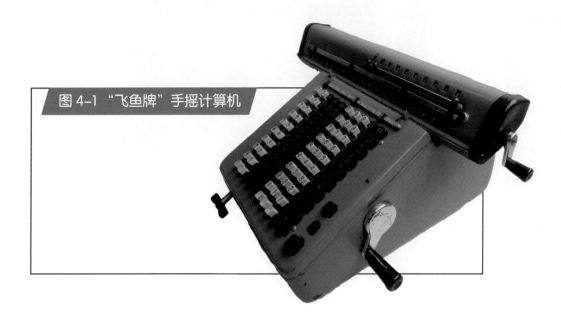

图 4-1 "飞鱼牌"手摇计算机

世上无难事，只要肯登攀。就是在这样艰苦的条件下，1970年 4 月 24 日，"东方红一号"卫星成功发射。而且"东方红一号"卫星的总质量，比苏联、美国、法国、日本四个国家的首颗卫星质量之和还要大。这证明了中国航天人可以克服艰难困苦的条件，取得举世瞩目的成就。

今天，科技飞速发展，经济长足进步，中国航天人没有丢掉艰苦奋斗的优良品质。为了保证任务完成得万无一失，他们依然要做着繁重却十分重要的工作。

在"天问一号"发射前 11 天，要对环绕器分系统进行测试，

图 4-2 "东方红一号"制造车间

其中就有一项看起来非常平凡、琐细又枯燥的工作，那就是往测试电缆上缠保鲜膜。

火星与地球最远的距离可以达到 4 亿千米，很难在地球上对"天问一号"进行实时的操控，所以"天问一号"需要具有自主解决问题的能力。尤其是巡视器，也就是我们俗称的"火星车"，它在火星表面工作的时候，要面临更大的挑战，比如，崎岖的地形、剧烈的沙尘暴。

即使火星车与"天问一号"已经装配在火箭上静待发射，也还需要把好最后一关：对火星车进行测试。这个时候，不能把已经安装好的火星车再拆卸下来，那么应该怎么测试它呢？

答案就是"模拟测试"：将火星车可能遭遇的情况用电信号模拟，通过电缆输入到火星车，测试火星车的反应。因此电缆能够成功地传递测试所用的信号，对整个"天问一号"任务的成功完成，起到十分重要的作用。

能承担这项任务的电缆并非泛泛之辈，而是专用的特种电缆。电缆从生产出来，到运送至"天问一号"的发射场——海南文昌发射中心，一直都保存在温度较低的环境中。但是海南的气候又热又潮湿，如果将电缆从厂房拿出来直接去塔架连接火星车的话，电缆的表面就有可能跟我们冬天戴眼镜突然进入澡堂一样，会在表面迅速结上一层水雾。这层水雾有可能影响电缆的信号传输，导致测试数据不准确，进而影响到"天问一号"的顺利发射。

所以，在连接电缆之前，要在电缆表面缠保鲜膜做一层防水，需要航天工作人员亲自上手来做。这个工作听起来简单，但是需要高度细心、认真和专注，要保证保鲜膜包裹得全面和均匀。而且"天问一号"要在夏天发射，工作人员在海南的高温中穿上全身的工作服，戴上口罩与头盔，绑好安全绳，才能在高高的塔架上缠保鲜膜。这是一个耗神又耗力的工作，等到缠完保鲜膜，因为炎热和疲劳，汗水早已浸湿工作人员的衣衫，他们的脸上也布满了口罩勒出的印痕。

在中国航天事业的起步阶段，"两弹一星"是最高级别的绝密工程，许多工作人员为了保守秘密，在戈壁滩一干就是几年，不能

图 4-3 中国航天人在火箭发射现场

星河满目，岁月无悔——『天问一号』和中国航天人

和家里人说去了哪儿，干了什么，甚至很久也不能给家人写一封信。

现在，我们的航天事业可以在全世界面前展现自己的实力，但是因为工作的需要，中国航天人还是无法避免长时间地离开家庭，坚守工作岗位。

尤其是在 2020 年，新冠肺炎肆虐全球，为了取得抗疫的阶段性胜利，也为了维护来之不易的抗疫成果，航天工作人员必须服从各地的防疫要求。但是航天工作人员的工作性质特殊，经常需要各个地方来回跑，疫情开始之后，就不得不在工作的地点扎根。有的工作人员从 1 月份到发射中心之后，直到成功发射才回到阔别半年之久的家里，和自己的家人团聚。而这些离别，对于不少年轻的女性航天工作者来说更为煎熬。她们很多人都是年轻的母亲，因为工作的原因，可能有好几个月都不能回家抱一抱自己的孩子，只能和孩子、丈夫在视频里聊聊天以解相思之苦。

正是无数航天工作人员的无私奉献，我们的航天事业才能取得如此亮眼的成绩。

2 踏实苦干永向前，昂首从头再争先

如果用一个字总结中国航天的特色，那就是"稳"。中国长征系列火箭的发射成功率超过 95%，可谓目前全世界最高的发射成功率。

而保证高成功率的，就是检查，检查，不断地检查。

2020 年 7 月 8 日，距离"天问一号"的发射还有 15 天，这一天是全国高考日，也是"天问一号"的一次大考日。在这一天，"天问一号"需要进行发射之前的第三次总检查。所有项目都需要按照发射状态逐项测试。从火箭到探测器，各个部分需要接受各种各样的检查。不仅要把可能遭遇的各种情形分开模拟，还要综合研究发射任务在最严酷的条件下会出现什么问题。整个过程需要持续一整天。

检查与测试最根本的目的，就是为了发现问题，如果不去模拟极端情况，不去考虑最糟糕的问题，那么检查与测试是毫无意义的。只有做好最坏的打算，才能最稳妥地取得成功。工作人员在检查过程中，为了尽可能测试得全面，尽可能把预案构建得全面，倾注了大量的时间和精力在检查与测试上。比如，做一个阶段性的测试，就得收集和分析 2000 多个数据。

图 4-4 清澜码头"长征五号"火箭卸船

图 4-5 "长征五号" 火箭出箱

图 4-6 "天问一号" 整流罩装配

和中国航天人

星河满目，岁月无悔——『天问一号』

图 4-7（上图），图 4-8（右图）"长征五号"火箭吊装

在检查过程中，工作人员一直保持着高昂的斗志，即使遇到了再多问题也不气馁，他们把这些问题当作走向胜利的阶梯，并最终解决这些问题，圆满完成了"天问一号"的发射任务。

任何征程都不是一帆风顺的，中国航天事业也是一样。如果一项事业一直没有出现问题，那就说明这项事业没有进步。中国航天也曾经历刻骨铭心的失败，"萤火一号"的失利，坚定了中国航天人发展自己的大火箭的决心。而"长征五号"是寄托了无数航天人梦想与夙愿的大火箭，也是中国真正步入"航天强国"的入场券。从1986年的"863计划"起，航天人就开始了前期论证和攻关，直到2016年11月3日，经过整整30年的努力，"长征五号"终于首飞成功。

不过，首飞成功后也经历了曲折。2017年，"长征五号"遥二火箭发射失利，"长征五号"进行了故障"归零"。

"归零"，这是一个诞生自中国航天历史，并已经成为国际航天标准的词语。它意味着问题出现的时候，要从整个任务的第一步到最后一步，从零开始进行检查，直到问题完全解决。"长征五号"也经历了"归零"的过程，"归零"是从头开始的决心，也是走向成功的开始。

2017年，"长征五号"遥二火箭发射失利。在完成故障调查之后，整个发动机研制团队不舍昼夜地对芯一级氢氧发动机进行改进。根据统计，仅2019年二、三季度，发动机研制

图 4-9 "长征五号" 火箭芯一级 YF77 氢氧发动机

图 4-10 YF77 氢氧发动机试验

团队累计加班就达到了 23000 小时。他们终于揪出了隐藏在发动机身上的问题，排除了发动机的故障，为发射消除了隐患。

最终，2019 年 7 月，研究人员完成了对发动机的改进，并完成了十几次大型地面试验，至此，困扰"长征五号"两年多的发动机问题终于排查完毕。

2019 年 12 月 27 日，等待了 908 个日夜的中国航天人，迎来了打翻身仗的机会。这一次，他们没有辜负自己的辛勤劳动，也没有辜负全国人民的期盼，"长征五号"遥三火箭发射，成功！

2020 年 5 月 5 日，"长征五号 B"运载火箭发射成功；7 月 23 日，"长征五号"带着"天问一号"发射成功；11 月 24 日，"长征五号"带着"嫦娥五号"发射成功。2021 年，"长征五号 B"带着"天和号"核心舱发射成功。我们的"长征五号"大型运载火箭，取得了辉煌的成绩。

"长征五号"遥四火箭从起飞到与探测器分离，整个飞行过程耗时 2000 多秒，其间需要经历多个重要飞行时序。

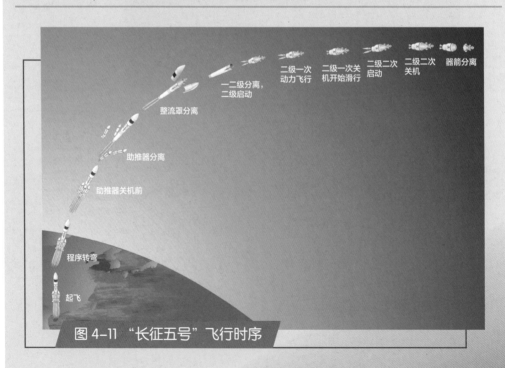

图 4-11 "长征五号"飞行时序

起飞后约 3 分钟，助推器与火箭分离。"长征五号"火箭捆绑 4 个助推器，主要在起飞阶段及一级飞行的前期，为火箭提供推力。

飞行约 6 分钟之后，火箭整流罩分离。整流罩的作用主要是保护探测器免受火箭上升过程中的气动力、气动加热及声振等有害环境的影响。整流罩分离时，火箭已经基本飞出大气层，进入太空。

飞行约 8 分钟之后，火箭一级发动机与二级发动机分离，火箭二级发动机第一次点火，继续加速。第一次加速过程大约持续 3.5 分钟，之后火箭二级发动机第一次关机，进入滑行阶段。滑行时间约 16 分钟，长时间滑行的技术在上一次"长征五号"遥三火箭发射中进行了验证。

此后，火箭二级发动机第二次点火，完成最后的"冲刺"，持续时间大约是 7.5 分钟。火箭二级发动机第二次关机后，火箭还需要通过速度修正、姿态调整等过程，最终将探测器送入地火转移轨道。

中华儿女多壮志，扭转乾坤换新天

　　如果说"长征五号"与"天问一号"是中国火星探测这一出大戏的演员，几乎所有人的目光都集中在它们身上，那么支撑我们实施火星探测的深空测控网，就是演员们表演的舞台。没有深空测控网，我们就没有办法接收到最远 4 亿千米之外的探测器的信号，也没有办法为它送去指令。

　　2004 年 1 月，中国正式启动月球探测工程，拉开了深空探测的序幕。我们的航天器也从绕地轨道走向了深空轨道。这意味着我国已经初步建成了由陆基站点和海基测量船组成的航天测控网。

　　2007 年，为了支撑"嫦娥一号"的绕月探测任务，中国航天在青岛和喀什分别新建了 18 米口径的测控天线，形成了我国深空测控网的雏形。

　　2012 年，利用幅员辽阔的优势，我们在接近祖国最西端的喀什和接近最东端的佳木斯新建了两座深空测控站，大大提升了接收信号和发送指令的能力，为"嫦娥三号"的顺利工作保驾护航。

　　2018 年，中国相继发射了"鹊桥"中继卫星和"嫦娥四号"

图 4-12 深空测控站

探测器，并且在 2019 年初实现了人类探测器首次月背软着陆。这时，刚刚投入使用的海外深空测控站，与位于喀什和佳木斯的两大国内测控站完成组网，首次执行全网测控任务。我国深空测控网的协同工作、稳定可靠运行、多频段与多目标联合测控等能力，在"嫦娥四号"完成任务的过程中经受住了全面的考验。

即使是比月球远上千百倍的火星，我们的深空测控网依旧可以完美支持。2020 年 7 月 23 日，"天问一号"成功发射 9 小时之后，位于喀什和佳木斯的测控站相继捕获了探测器的信号。包括我们接收到的"天问一号"拍摄的火星南极和北极的高清照片，也都是通过深空测控网获取的。

深空测控网，一般由深空航天器上的星载测控分系统、地面的深空测控站、深空任务飞行控制中心，以及将地面各组成部分连接在一起的通信网构成。这是一个涉及各种设备与学科的综合性、系统性工程。可以说，全世界只有寥寥几个大国才有能力建设深空测控网。

作为支撑国家重大航天工程任务的重要基础设施，中国深空测控网在短短十几年间从无到有，覆盖率与性能从近乎空白跃升至世界前列，不仅兼具多频段测控能力，更集测控、数据传输等多种功能于一体。它还可兼顾我国月球探测及行星探测，更能在技术体制上与国际主流的深空任务测控体制相兼容，利于国际合作与任务交互支持。这是中国航天人在"看不见"的领域所取得的巨大的突破与成就！

航天人的聪明与才智、突破与成就，不仅体现在深空测控网这样的大手笔上，还体现在火星车这样的小地方上。

火星车的设计，巧妙参考了自然界的昆虫结构。

尽管"玉兔二号"月球车的成功运行为火星车的设计积累了很多经验，但是火星与月球的环境大不相同，火星的地形更加复杂，还有风沙等恶劣天气，所以火星车的很多结构需要重新设计。

"玉兔号"因为沙尘造成机械故障，丧失了移动能力。在地表环境更加恶劣的火星，火星车该如何克服这个问题呢？

设计团队对火星车的结构进行了改进，让它可以用类似于小虫子那种"蠕动"的姿态行走。在这种姿态下，火星车的三对轮组就像昆虫的三对足一样，依次行走。先是最前面的车轮往前走，后面的车轮不动，这个时候就像昆虫舒展身体一样，火星车的重心降低，向前运动；然后是后边的车轮向前运动，前面的车轮不动，好像昆虫弓起身体，为下一次的移动蓄力，这时的火星车重心升高，准备循环整个行走过程。

通过这种前进方式，火星车可以很好地避免沉陷问题。

而从整个结构来看，火星车更类似于一种美丽的动物——蝴蝶。从着陆器上驶出的火星车，太阳能翼是叠成上下两层的，每层都有两块太阳能翼。在展开的时候，上面的一层先向侧后方展开，然后下面的一层再向左右展开。等到全部展开，火星车就像是一只降落于火星地表的蓝色大蝴蝶，美丽、神秘，又充满科技感。

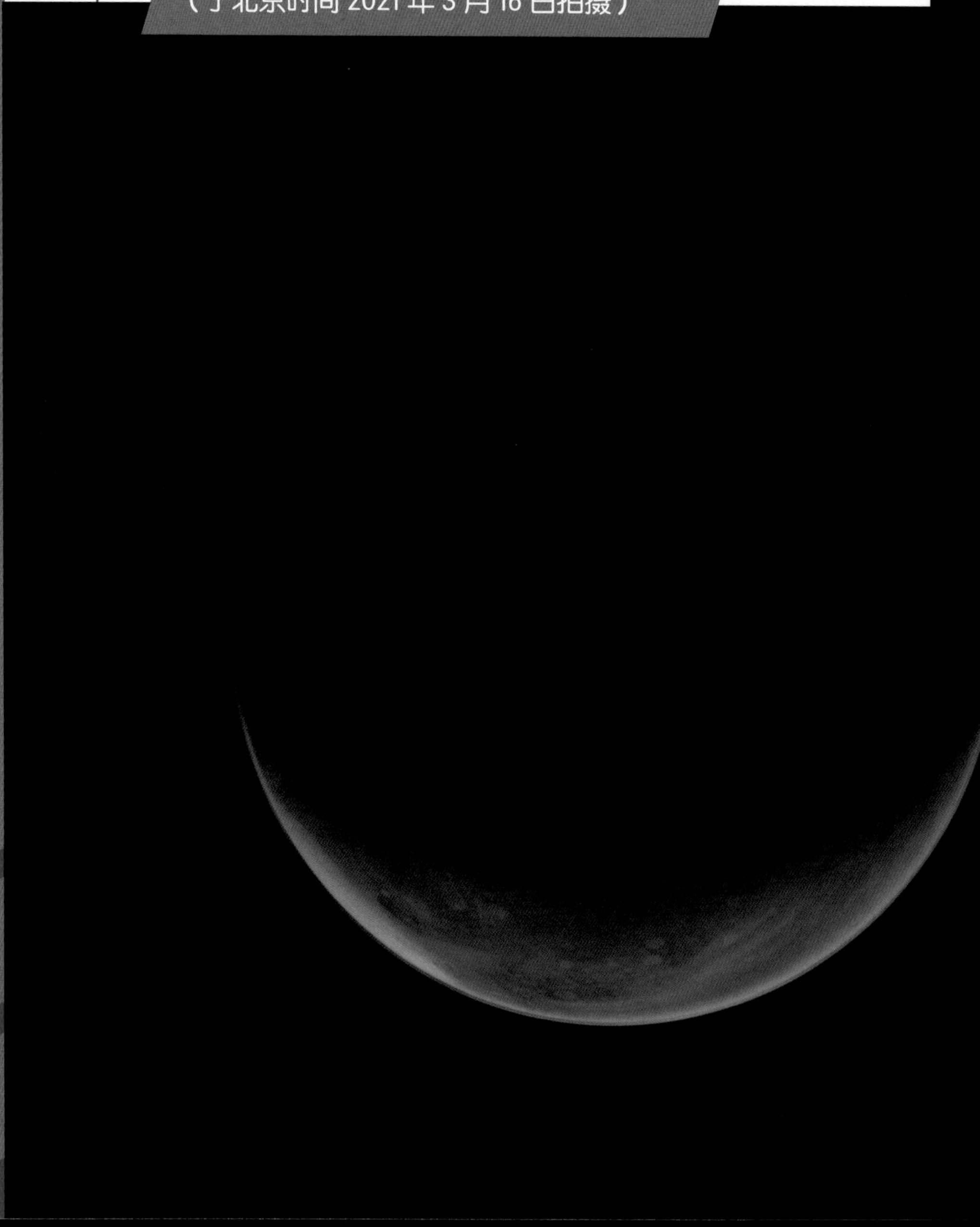

星河满目，岁月无悔——『天问一号』和中国航天人

图 4-13 "天问一号"拍摄的火星南半球影像（于北京时间 2021 年 3 月 16 日拍摄）

图 4-14 "天问一号"拍摄的火星北半球影像
（于北京时间 2021 年 3 月 18 日拍摄）

小小数字藏乾坤

"4亿"——地火最远距离

"天问一号"与地球之间的远距离带来空间通信损耗高的问题，给测控数传设备性能指标提出了更高要求，同时也导致天线无法空间全覆盖、通信时延大、有效数据传输困难。地球距离火星最远4亿千米，是地月距离的1000多倍，因此前者最快一般需飞行约7个月，后者最快只需四五天就能到达目的地，所以对火星探测器的测控，要比对月球探测器的测控通信复杂得多。

此次"天问一号"飞行过程中，探测器会受到入轨偏差、控制精度偏差等各种因素的影响，而且由于探测器长时间处于无动力飞行状态，微小的位置速度误差会逐渐累积和放大。由于路途漫漫，火星探测器在飞往火星的途中，要进行比月球探测器次数更多、更精确的轨道修正，这样才能准确地飞到火星，比如火星探测器在地火转移轨道近地点有1米每秒的速度误差或1千米的高度误差，飞到火星附近时都将产生10万千米的位置误差。如果不进行修正，将使探测器错过火星，导致"差之毫厘，谬以千里"的严重后果。因此执行飞行任务时，需要制定地火转移轨迹中途修正控制策略，包括每次修正的时机、每次修正所需数据的测量和实施都至关重要。完成对应的探测器姿态和轨道的测量、控制，才能确保探测器始终在预定的轨道上飞行。

针对行星际探测超远距离导致上行通信传输能量衰减严重的难题，

科研团队采用了基于多级频谱估计的主动捕获技术，实现了极低信噪比下快速载波的捕获、跟踪及解调，大幅提高了接收灵敏度。同时，"天问一号"的环绕器上配置了100瓦大功率行波管放大器和2.5米大口径天线，提高了下行等效全向辐射功率，补偿远距离带来的链路损耗，满足器上数据对地传输需求；在地面应用系统的配合下，可在距离最远4亿千米，码速率达到1兆比特每秒，赶得上用手机上网的速度了。

自2020年7月23日发射到飞抵火星过程中，"天问一号"完成了4次轨道中途修正和1次深空机动。

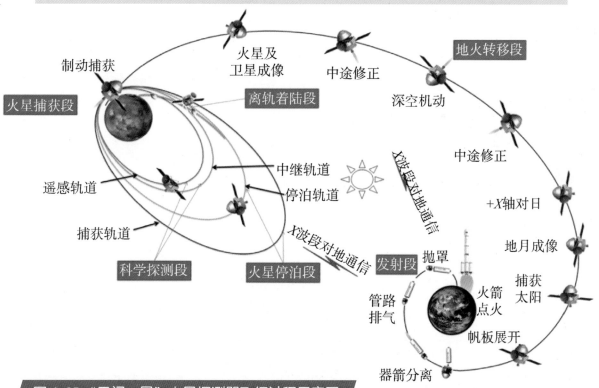

图 4-15 "天问一号"火星探测器飞行过程示意图

"1000万千米"——"千里眼"能看到火星的最远距离

探测器在漫漫太空中行进，就像轮船航行在茫茫大海上，不同的是飞离地球后就无法使用北斗导航系统或全球定位系统（GPS）来定位。那么探测器飞离地球后在太空中靠什么分辨方向、导航定位呢？其实是通过"看星星"。

"天问一号"在长途"奔火"的过程中就是通过一个"看星星"的利器——星敏感器来导航，这相当于它的"眼睛"，能清楚拍到几光年之外的恒星，可以通过拍照、比对星图来测算位置。环绕器上的星敏感器，能帮助"天问一号"准确飞行；着陆巡视器上的星敏感器，将帮助探测器稳稳着陆。为了准确实现在火星着陆和巡视的任务，在"天问一号"飞近火星的过程中，中国航天人将装有长焦镜头的导航敏感器当作一只"千里眼"，利用它可以在最远1000万千米的距离识别火星，可以在飞近火星的过程中通过对火星成像，利用火星图像计算火星的形心位置和视半径大小，即能自主适应火星从点目标到面目标、从弱目标到强目标的火星图像提取，并结合估计算法获取探测器相对于火星的实时位置和速度信息，从而实现即使没有外部导航信息，也能够在深空飞行中自主找到前进的道路。

2020年7月28日晚间，一张由"天问一号"火星探测器传回的地月合影刷爆了朋友圈。图片中，地球与月球一大一小，均呈新月状，在黑色天幕的映衬下，仿佛正微笑着与"天问一号"告别。网友们纷纷表示"太萌了"。这张照片正是由"天问一号"探测器利用光学导航敏感器自主曝光拍摄完成。

图 4-16 "天问一号"拍摄的地月合影

"7 分钟"——传说中的恐怖 7 分钟

在探测器切入火星轨道后，如果要在火星表面着陆，其过程类似于返回式卫星，但技术难度大得多，因为遥测和遥控信号十分微弱，时延非常大，只能完全靠自主进行降落着陆，而且地面人员需要十几分钟或几十分钟后才知道结果；另外，当探测器运动到火星背面时，地球无法准确地确定其轨道参数，这就给探测器再入高度的选择带来困难，许多探测器都因此功亏一篑，因此把探测器进入火星大气到着陆的 7 分钟左右时间叫作"恐怖7 分钟"。

火星探测器进入、减速和着陆（Entry, Descent and Landing），英文首字母简称"EDL"。迄今为止火星表面着陆任务中，苏联、美国、欧洲、中国先后进行了共计 19 次火星着陆尝试，完全成功的仅有 9 次，成功率都不到一半，而 5 次任务失败都发生在 EDL 过程中，很大程度上是由于 EDL 技术验证不充分，完全确切验证抛大底和抛背罩过程的技术难度较大。

"天问一号"上的着陆巡视器由背罩、火星车、着陆平台和大底组成，着陆火星表面 EDL 的主要过程包括大气进入、超声速开伞、大底抛离、展开着陆缓冲机构、背罩抛离、发动机点火、悬停避让、火面着陆。

针对"天问一号"火星探测器在 EDL 过程中大底、背罩抛离的关键环节，中国航天人开展了地面模拟试验研究，研制了火星探测器大底、背罩的地面模拟分离系统，并成功完成了相关的试验。试验过程中测量的数据完整有效，背罩、大底在短期分离过程中的受力状态得到了准确施加，产品结构外观未发现异常现象；试验中大底、背罩与产品未发生碰撞，结构未出现损坏或塑性变形，在轨可实现无磕碰分离；验证了分离方案的可行性问题，解决并验证了我国火星探测任务 EDL 过程抛离大底、背罩的关键技术。

科研团队根据"祝融号"火星车发回的遥测信号确认，经过"生死9 分钟"自主着陆过程，2021 年 5 月 15 日 7 时 18 分，"天问一号"着陆巡视器成功着陆于火星乌托邦平原南部预选着陆区，我国首次火星探测任务着陆火星取得圆满成功。

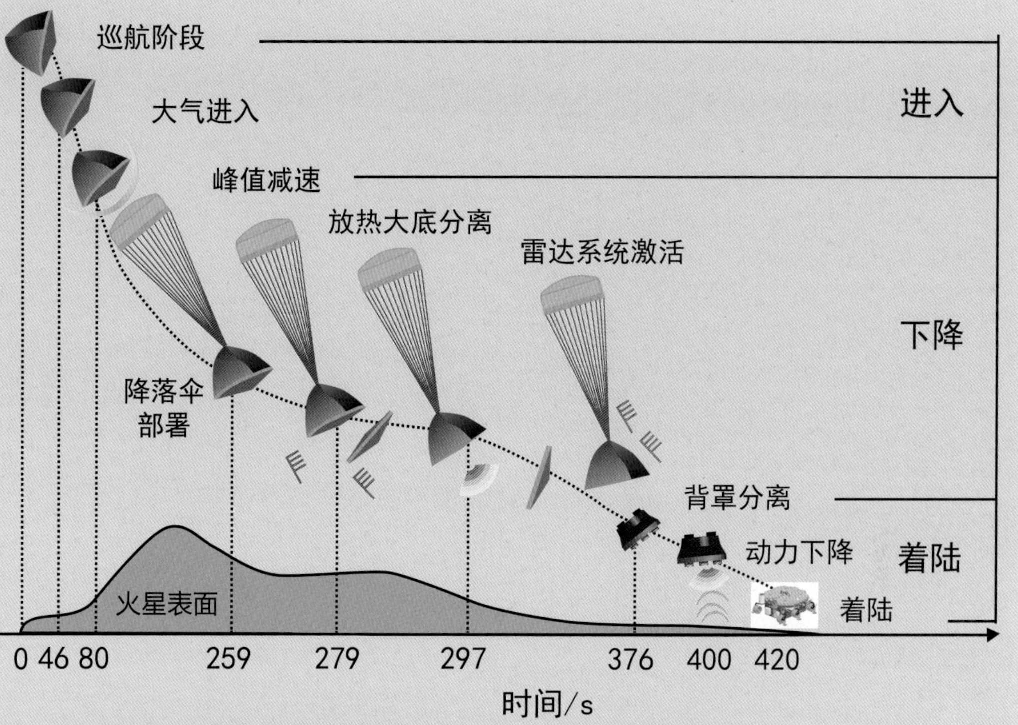

图 4-17 "天问一号"着陆巡视器进入、着陆和减速过程示意图

155

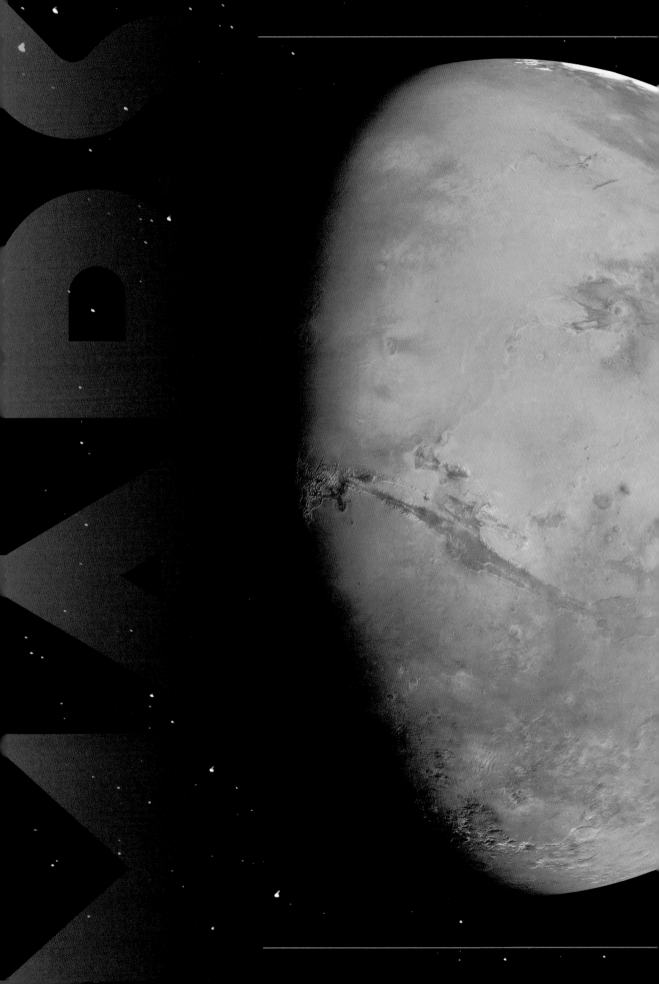

第五章

火星上真的
有智慧生命吗？

火星科幻

  工业革命之后，科学和技术突飞猛进，尤其是望远镜的发明和改进，让人们对于火星的研究更加深入。"火星运河"让许多人深信火星上存在着智慧生命，连许多名人、科学家也深信不疑。比如，特斯拉就认为火星上存在着聪明的火星人，这也得到了开尔文勋爵（提出了著名的"物理学的两朵乌云"）的支持。

  于是，火星题材就成为科幻作品的热门题材。

  其中最出名的，是英国作家威尔斯在 1898 年出版的一部

图 5-1 "火星运河"邮票

图 5-2 火星人想象图

科幻小说，名叫《世界大战》。在这部小说里，火星人从即将灭亡的火星来到地球，对地球进行侵略，它们大肆摧毁城镇，屠杀人类，为地球带来了灭顶之灾。

1938 年，美国 CBS 广播公司根据这部小说改编出一部同名的广播剧。在剧中，火星人的登陆地点被改为美国，并且用新闻广播的风格进行了演绎。由于整个广播剧过于逼真，一经播出竟然造成了巨大的恐慌，成千上万人相信了火星人入侵地球是真的，哭着喊着跑到大街上，以为末日真的来临了。即使广播说了这是一部科幻广播剧，还是有很多人相信火星人真的来到了地球。

在《世界大战》中，火星人被描述成像章鱼一样，有着大大的脑袋和很多触手，这也对后来文学作品中火星人和宇宙人的形象产生了深远的影响。2005 年，由汤姆·克鲁斯主演的电影《世界大战》，也改编自《世界大战》这部小说。

之后还涌现出各种描述火星智慧生命的小说、电影，如获得过科幻大奖星云奖最佳长篇小说的《火星三部曲》、1924 年的苏联电影《火星女王艾丽塔》、美国科幻喜剧片代表作《火星人玩转地球》等。

后来，人们通过火星探测器发现，火星上没有智慧生命，也没有壮观的人工遗迹。所以关于火星的科幻作品开始变得更趋于现实，更具有科学含量。

比如 2015 年上映的《火星救援》，就是一部非常优秀的硬科幻电影。

片中马特·达蒙饰演了一名因为沙尘暴被困在火星的航天员，他需要在火星上坚持非常长的时间，以等到救援人员的到来。他需要解决各种问题：火星基地的破损、水、氧气、食物、低温、与地球的通信，等等。最终他依靠自己乐观的心态、扎实的知识储备、极强的动手能力，在地球科学家的鼎力协助下，成功获得了救援。

这部电影有美国航天局的参与，有着非常可靠的科学性。不仅知识丰富，细节考究，更重要的是体现了乐观主义和实践

图 5-3 《火星救援》电影海报

主义精神，这也是全世界航天人所共有的精神。不过电影也存在一些小瑕疵，比如，火星上的大气密度比地球上小得多，只有地球的 1%，所以即使有时速很大的沙尘暴，也未必能产生吹动树叶的力量，更不用说会吹倒火箭或者摧毁基地了。现实中的火星车也不会被沙尘吹翻，反而可以利用火星上的风清理太阳能板上的灰尘，更加有活力地执行任务。

② 火星生命探索

寻找地外生命，永远是人类的终极追求之一。

早在 1972 年和 1973 年，"先驱者 10 号"和"先驱者 11 号"先后发射，它们各自携带了一块细小的镀金铝板，上面记载了发射的时间和地点，以便地外的太空探险者可以发现并且识别。以此为基础，1977 年"旅行者号"探测器携带了一块更大的"金唱片"，并且朝太阳系外飞去，希望外星高等智慧生物能够发现它们。

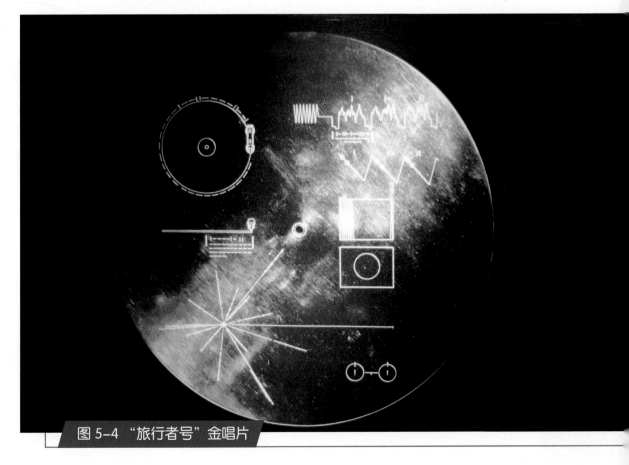

图 5-4 "旅行者号"金唱片

图 5-5 "旅行者号"

这是人类第一次尝试与地外文明进行交流，虽然它们被捕获的可能性不大，但也算得上是人类在广袤的宇宙中发出的第一声呐喊。

这块"金唱片"携带了大量信息，比如，太阳系的位置、男性和女性身体的轮廓、116 幅图片、各种自然界的声音、59 种不同语言的问候语，还有来自各种文化的歌曲，其中就有中国的古琴曲《流水》。

火星一直是人们希冀存在外星生命的土地，但是随着火星的神秘面纱被揭开，人们失望地发现，火星上根本没有火星人，也没有火星文明。

不过随着研究越来越深入，尤其是火星上曾经存在液态水的发现，人们对于火星可能存在生命的热情又一次被点燃了，开始尝试发现生命的蛛丝马迹。

除了这些间接证据的研究，也不乏一些主动探究火星是否存在生命的实验。其中最出名的就是"海盗号"的生物实验。

当"海盗号"探测器在火星着陆之后，着陆器上的科学仪器就开展了四项生物实验，分别是气象质谱实验、气体交换实验、

"海盗号"生物实验仪器示意图

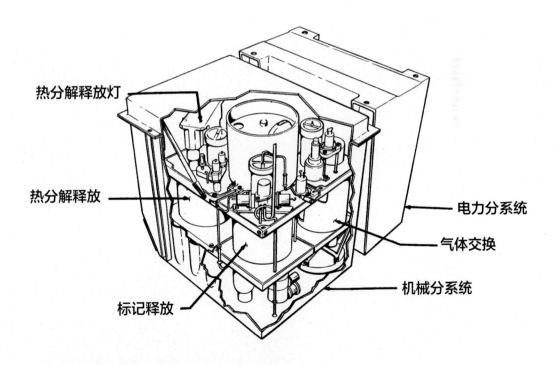

图 5-6 "海盗号"生物实验仪器结构

标记释放实验和热分解释放实验。

在这四项实验中，科学家对标记释放实验最为期待。这项实验过程并不复杂，在"海盗号"收集了火星土壤样本之后，将一滴稀释过的营养液注入样本之中，然后检测土壤上方的空气中是否会出现代谢副产物。营养液里加入了放射性碳－14

图 5-7 "海盗 1 号"

标记，如果微生物可以进行代谢作用，并且释放出代谢产物，那么这些产物里就应该可以追踪到放射性碳−14 的标记，比如，可以收集到带标记的二氧化碳和甲烷。

在发射探测器之前，研究人员在地球的各种极端环境下，从极热到极寒，测试了各个实验方案，所有实验的结果都是阳性的。

与此同时，研究人员还开展了对照实验，将土壤用 160℃的高温灭菌之后，杀死所有的生物形式，然后进行实验，对照实验的结果却都是阴性的。

所以如果火星上的实验出现了阳性结果，那就很有可能是微生物造成的。

当时的"海盗号"由 1 号和 2 号两个探测器组成，两个探测器相距远达 6500 千米，但是它们的标记释放实验都产生了阳性结果，不但地表土壤产生了这样的结果，就连岩石下方的土壤也产生了阳性结果。这个实验结果相应在 18℃时表现稳定，土壤加热到50℃时表现下降，而同样加热到160℃时，就会产生阴性结果。

尽管这个实验的结果大大震惊了科研人员，但是其他三项实验都产生了阴性结果，所以最终的报告表示，无法提供明确的证据证明火星存在活着的微生物。很多科学家表示，火星地表的恶劣环境，比如，大量的紫外线辐射、高氯酸盐的富集，以及极度干燥的土壤，都让微生物几乎无法存活。

这项实验的结果一直到今天还充满争议，或许需要将来更多更严谨的补充实验，才能明白到底是什么导致了阳性结果。

在"海盗号"之后，科研人员陆陆续续发现了一些似乎与生命有关的证据。

比如 1996 年的 ALH84001 火星陨石样本，在电子显微镜下，这块陨石的表面呈现出了类似细菌的结构。但是这种结

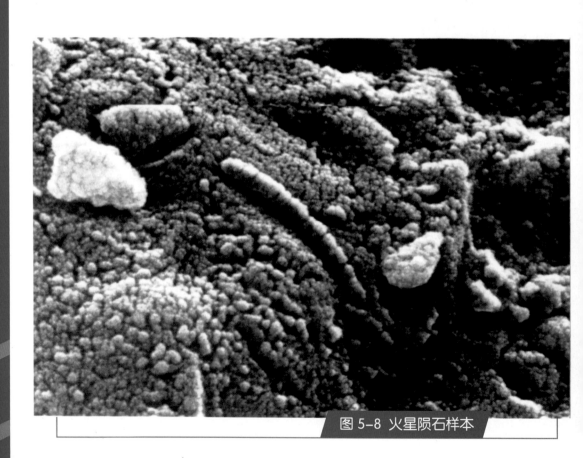

图 5-8 火星陨石样本

构也可以用非生命过程解释，而且还有其他更多的不利因素，所以大部分科学家倾向于认为不是生物产生的。

而"好奇号"火星车可能会给我们带来更多正向的消息，从 2012 年着陆火星之后，它就不断地寻找关于生命的痕迹。2018 年，美国航天局声称，"好奇号"在 2015 年采集的具有 30 亿年历史的古老岩石样本中，发现了苯和丙烷的有机分子，这大大鼓舞了人们寻找生命的信心。因为我们相信，地球上生命的产生就是从有机物开始的。如果在如此悠久的历史之前，火星上就存在有机物，那么火星上生命存在的概率就大大提高了。

火星上真的有智慧生命吗？

图 5-9 "好奇号"火星车

③ 人类踏足火星

　　除了在火星上搜寻生命的痕迹，还有一项使命是人类孜孜以求的，那就是开展载人火星任务，踏足火星，然后在火星上建立基地，最后移民火星。

　　在火箭发展的早期阶段，人类就开始展望踏足火星的可能性。德国火箭专家冯·布劳恩就是历史上首个科学研究火星登陆的人。

图 5-10 冯·布劳恩

图 5-11 SpaceX 公司的火箭厂房

到了 1962 年，美国首次详细探讨载人火星任务的可能性。而苏联也在 20 世纪 60 年代，计划发射载人飞船飞抵火星和金星，不过并不登陆。但是随着苏联 N1 大推力火箭的失败，这个计划也就此告吹。

进入 21 世纪，欧洲和美国都希望能够在 2030 年将人类送上火星。不过他们依然需要付出很多努力才有可能实现这个梦想。

不过，有一个公司异军突起，那就是 SpaceX（美国太空探索技术公司）。2017 年国际宇航大会上，马斯克宣布，SpaceX 计划建造大型航天器前往火星，这个大型航天器就是

图 5-12 星舰

星舰。2020年，SpaceX紧锣密鼓地进行星舰的实验，人类或许真的能在不久后的一天成功踏足火星。

登陆火星之后，下一步就是在火星建立永久的基地，以便让火星探险者正常生活。但是火星与地球存在着许多的不同，会严重影响人类的生命健康。除了极端的温度、大气层的不同，火星的重力加速度只有地球的38%、火星磁场极弱，这些因素都给改造火星环境、人类适应火星生存造成巨大的挑战。

不过，即便存在这么多的差异，火星也依然是人类目前最适合的星际移民地。如果我们真的可以到达火星，并且长期生活下来，那么有几个地点适合建立基地。

比如火星的两极区域，这些地方存在丰富的水资源，可以提供生命所需的最重要的物质。也可以在火星"赤道"的天然洞穴，以及地表的熔岩管道建立基地，这些地方可以使人类免受辐射的危害，而且在洞穴或者管道下面还可能存在地热能源，让人类生活在适宜的温度中。

人类也在地面上模拟了火星的生活，比如我国甘肃省的"火星1号基地"，人们可以在这里体验火星上的生活。这个基地包括气闸舱、总控舱、生物舱等9个舱体。基地还原了火星环境，既可以进行太空科学相关研究、实验和模拟训练，又可以开展火星主题的太空探索性休闲度假活动和天文、航天类科普教育活动。

怎么在火星上建基地呢？

火星是气压低、没有磁场、辐射超标、水分稀少的死寂星球。所以，我们只能像建立空间站一样，在火星上建立封闭式的基地。

封闭式的基地应该建在哪儿呢？

火星北极和赤道之间的大平原地区似乎是个不错的选择。首先是因为这个区域地势平缓，适合载人登陆。当年苏联探测器和美国"极地登陆者号"登陆失败的一个重要原因，就是因为它们降落在火星南部，那里地貌比较复杂，不适合登陆。

其次，大平原地区靠近北极冰盖，水份含量较高（超过3%）；两极区域的高氯酸盐，可以用于生成氧气（高氯酸锂已经用作太空飞船的生氧剂）。火星北半球夏季的时候，火星位于远日点，夏季很长，白天温度可以达到20℃，有充足的光资源和热资源。

最后，这个区域长期存在着火山喷发，埋藏着许多宝贵的矿藏。

基地选址确定后，该怎么把基地建起来？

火星的地质运动非常微弱，板块运动几乎停滞，所以基本不会出现地球上的地震。根据这个特点，我们可以建设半地下或全地下的基地。这样的结构有不少好处，比如，能够节省建筑材料，工程难度小。更重要的是，地下基地可以避免太空辐射，也可以保护人类免受陨石的撞击。

不过，火星基地也不能全部建在地下。如果要在火星上获取太阳能，肯定要在火星地表接受阳光的照射，相关建筑就必须建在地上；如果部分实验必须要在地表做，那么实验室也要建在火星地面上。

图 5-13 甘肃"火星 1 号基地"

在建立地面建筑的时候，我们无须将航天员送到火星，一砖一瓦地去建立基地，而是可以先把机器人送到火星地表，利用日趋成熟的 3D 打印技术，在现场采集土壤或者岩石，以立体蜂窝状结构来打造建筑的基础框架。这种框架强度高、重量轻，能够防范微型陨石。火星土壤有 40%—45% 的氧元素、18%—25% 的硅元素、12%—15% 的铁元素、2%—5% 的铝元素，对于建造以钢和玻璃为主要结构的建筑物而言，使用这里的材料比较现实。

基地搭建好后，要保证火星航天员的生存与生活，无非就是保证能源、空气、水与食物的供给。

利用太阳能和核能已经在如今的火星巡视器上被证明是可行的。比如，"机遇号"和"勇气号"原计划 3 个月就失效的太阳能电池板，已经工作了 13 年，并且还在持续工作；"好奇号"火星车还携带了大型同位素温差发电机作为能源补充。未来可以用先锋机器人，利用火星的材料 3D 打印太阳能电池板，这样就可以在航天员到达火星之前，建立起足够的能源储备。如果已经掌握了可控核聚变，那么能源使用就更加不是问题。

氧气可以通过加热高氯酸盐得到，也可以通过电解水得到。二氧化碳就更好获得了，一方面，火星大气的 96% 都是二氧化碳，两极也有干冰形式的二氧化碳存在。当然，我们也可以尝试在火星上种植植物，或者培养藻类与细菌，产生氧气与二氧化碳。另一方面，火星地下有 3% 的水冰，简单加热就可以获得液态水，北极冰盖底部也含有大量的水冰。

在火星种植土豆也有很高的可行性。我们在地球和空间站上已经试验了各种种植技术，比如无土栽培、LED 养殖。相信在火星基地里，种植和收获作物也不是巨大的难题。

不过，在火星上生存，还是存在着各种问题。比如，火星的发射窗口是 26 个月，这就意味着可能最短也要每隔 26 个月才能替换航天员。目前空间站的正常工作周期是 3 个月，人类在太空中生活的最长纪录也只有 437 天，大概 14 个月。这还是在相比于地球到火星的距离，空间站与地球距离如此之近，几乎能无延迟通信的情况下完成的。在火星上长时间停留可能会带给航天员难以磨灭的生理和心理影响。另外，目前火星任务的成功率只有五成，火星登陆的成功率则要更低。保障航天员能够安全登陆火星，是在火星上生活的第一步。或许这需要人类的航天技术更进一步地发展才行。

尽管前路漫漫，挑战重重，但是人类的好奇心从来不因阻碍而熄灭，我们对于火星的探索也从来不因困难而停止。中国航天人，会一直保持一颗炽热的赤子之心，向着火星，向着太阳系，向着灿烂星空下那未知的宇宙不停地奔跑。因此，我们一定可以在未来的某一天登上火星！那一天到来的时刻，再回望人类探索火星的每一次尝试，无论成功或失败，都是一座座丰碑。让我们共同期待更美好的未来！

扫码观看"天问一号""祝融号"实拍火星探测视频

火星车后退移动

火星车驶离过程声音

火星车原地转弯

着陆过程视频